普通高等教育“十四五”系列教材

U0791795

# 画法几何与机械制图习题集

## 少学时

主　编　赵　军
副主编　李艳敏

中国水利水电出版社
www.waterpub.com.cn
· 北京 ·

## 内 容 提 要

本习题集根据教育部对高校工程图学课程教学的基本要求，结合作者多年来工程图学课程教学改革和建设的成果及经验编写而成。内容包括：制图基本知识与技能，投影法及几何元素的投影，立体及其交线的投影，组合体，轴测图，机件的各种表达方法，机械零件构型分析基础知识，标准结构、标准件与常用件，零件图和部件装配图。

本习题集内容全面，难易适中。题目难度循序渐进，力求贴合教学实际。题目的选编着力于对学生空间思维能力、创新思维能力、阅读和绘制工程图样能力的培养。

本习题集可与赵军主编的《画法几何与机械制图》（中国水利水电出版社）配套使用，适用于非机械类各专业的学生使用，也可作为相关专业的机械制图习题集与其他教材配合使用。

### 图书在版编目（CIP）数据

画法几何与机械制图习题集 ： 少学时 / 赵军主编
. -- 北京 ： 中国水利水电出版社, 2023.8（2025.4 重印）
普通高等教育“十四五”系列教材
ISBN 978-7-5226-1582-0

Ⅰ. ①画… Ⅱ. ①赵… Ⅲ. ①画法几何－高等学校－习题集②机械制图－高等学校－习题集 Ⅳ. ①TH126-44

中国国家版本馆CIP数据核字(2023)第115690号

策划编辑：石永峰　责任编辑：张玉玲　加工编辑：周益丹　封面设计：梁燕

| | |
|---|---|
| 书　　名 | 普通高等教育“十四五”系列教材<br>画法几何与机械制图习题集（少学时）<br>HUAFA JIHE YU JIXIE ZHITU XITIJI（SHAO XUESHI） |
| 作　　者 | 主　编　赵　军<br>副主编　李艳敏 |
| 出版发行 | 中国水利水电出版社<br>（北京市海淀区玉渊潭南路 1 号 D 座　100038）<br>网址：www.waterpub.com.cn<br>E-mail：mchannel@263.net（答疑）<br>sales@mwr.gov.cn<br>电话：（010）68545888（营销中心）、82562819（组稿） |
| 经　　售 | 北京科水图书销售有限公司<br>电话：（010）68545874、63202643<br>全国各地新华书店和相关出版物销售网点 |
| 排　　版 | 北京万水电子信息有限公司 |
| 印　　刷 | 三河市德贤弘印务有限公司 |
| 规　　格 | 260mm×184mm　横 16 开本　14 印张　194 千字 |
| 版　　次 | 2023 年 8 月第 1 版　2025 年 4 月第 2 次印刷 |
| 印　　数 | 3001—5000 册 |
| 定　　价 | 42.00 元 |

# 前　言

根据教育部高等学校工程图学课程教学指导分委员会2015年制定的“普通高等院校工程图学课程教学基本要求”，编者在总结了多年教学经验及改革成果的基础上编写了该套教材。

本习题集可与赵军主编的《画法几何与机械制图》配套使用，习题的编排顺序与教材一致。习题难易适中，力求结合教学实际。题目的选编着力于对学生空间思维能力、创新思维能力、阅读和绘制工程图样能力的培养，适于非机械类各专业使用。

本习题集由赵军任主编，李艳敏任副主编。参与编写的人员有：赵军（第一章、第二章、第三章、第四章）、张惠（第五章）、李艳敏（第六章、第七章、第八章、第九章、第十章），梁静娟、张明参与了本书的部分绘图工作。高满屯教授审阅了全部书稿，并提出了宝贵的建议，在此表示衷心的感谢。

由于编者水平有限，书中疏漏和不妥之处在所难免，望广大读者谅解并指正。

编　者

2023年3月

# 目　　录

1-1. 字体练习（一）。

ABCDEFGHIJKLMNOPQRSTUVWXYZ

abcdefghijklmnopqrstuvwxyz

0123456789RØ

I II III IV V VI VII VIII IX X

α β γ δ θ μ π ψ φ ξ ν η

1-2. 字体练习（二）。

学院校科专业兰州运输交通大小螺栓母垫圈深

键销齿轮手柄端盖箱壳体法兰盘油泵部件剖视

1-3. 字体练习（三）。

机械制图标准序号名称件数重量材料备注比例

描图审核班级姓名基本作图圆弧连接机件剖视

投影原理规格截交相贯设计组合体轴测练习线

1-4. 字体练习（四）。

技术要求表面粗糙度其余公偏差配合精度基孔

轴平行垂直径向跳动位移同心轮廓椭圆互换性

材料钢球墨铸铁青黄铜钨锰铬热处理渗碳技火

车洗刨磨镗钻锪孔均布攻丝配作铰刮漆锈抛光

1-5. 斜度、锥度练习（按图上所注尺寸及指定的比例作图）。

(1)

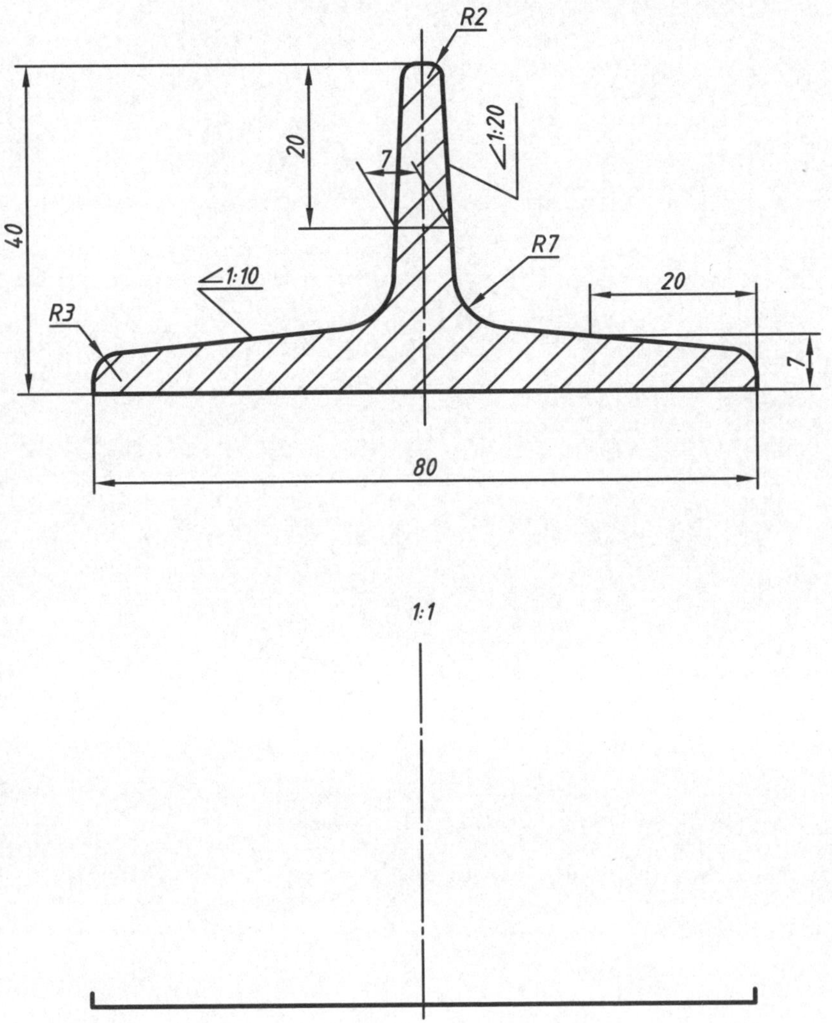


(2)

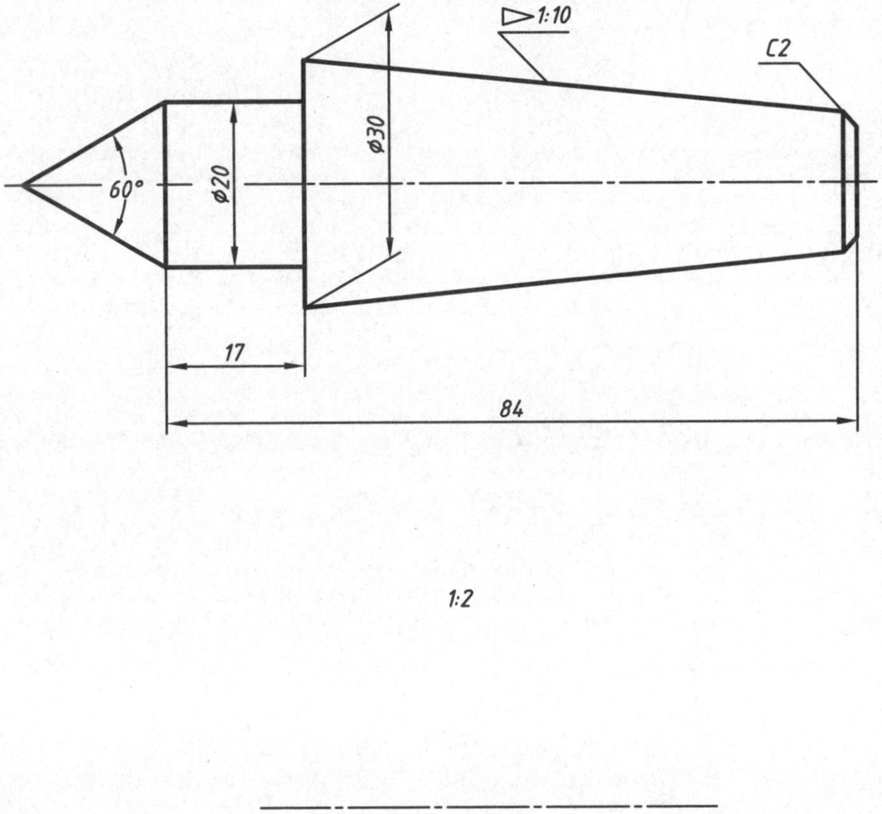

1-6. 圆弧连接。

（1）补全左边图形中所缺的尺寸（所缺尺寸数值按1:1从图中量取），并在右边指定位置按1:1比例画全图形的轮廓。

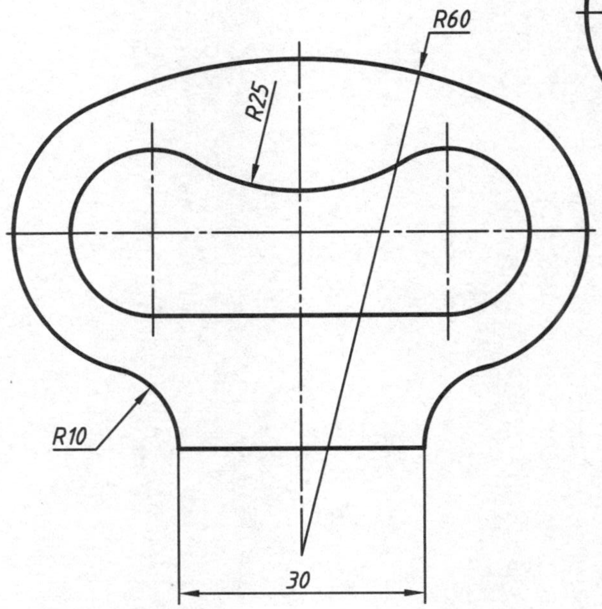


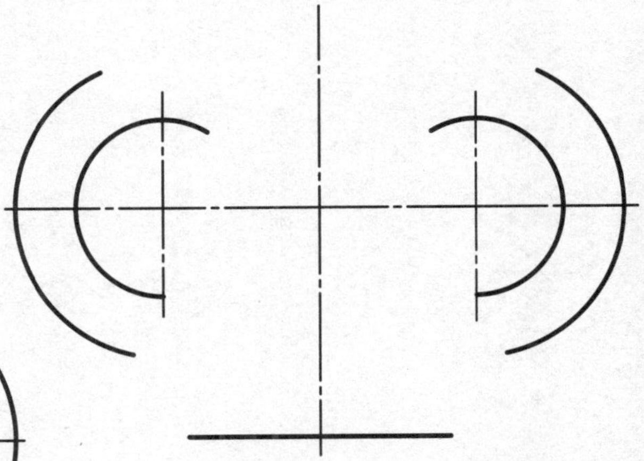

（2）补全左下角图形中所缺的尺寸（所缺尺寸数值按1:1从图中量取），并在指定位置按2:1比例画全图形的轮廓。

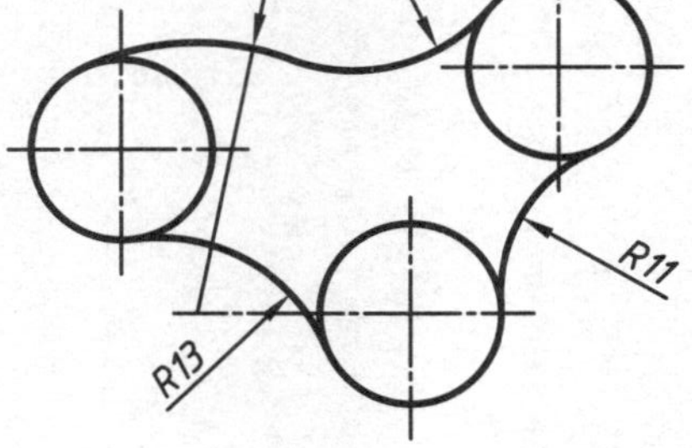


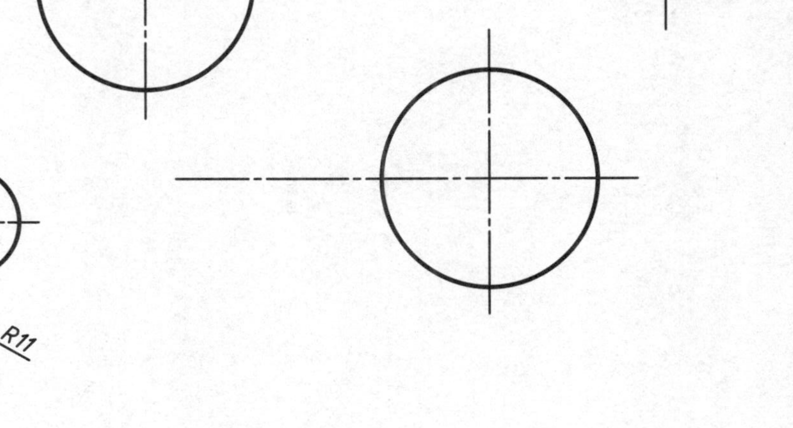

1-7. 根据尺寸注法的规定，标注以下各图形的尺寸（尺寸数值可直接从图上量取）。

（1）

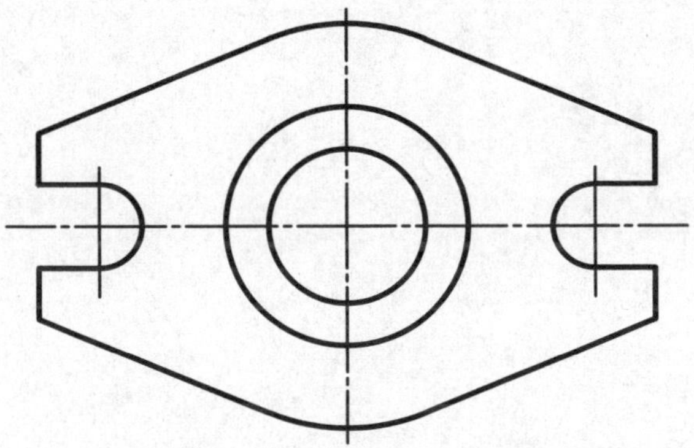

（2）

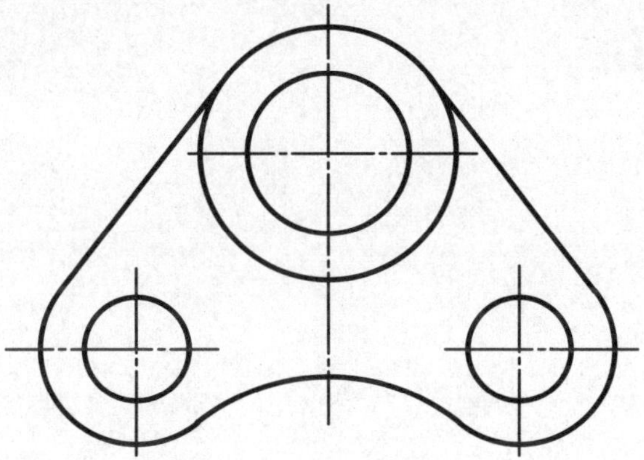

（3）

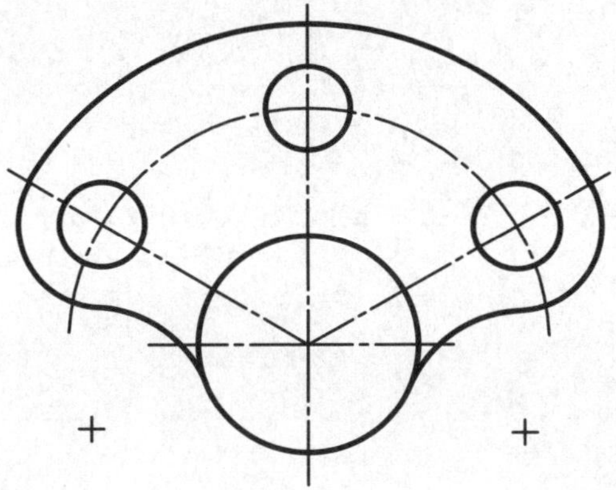

（4）

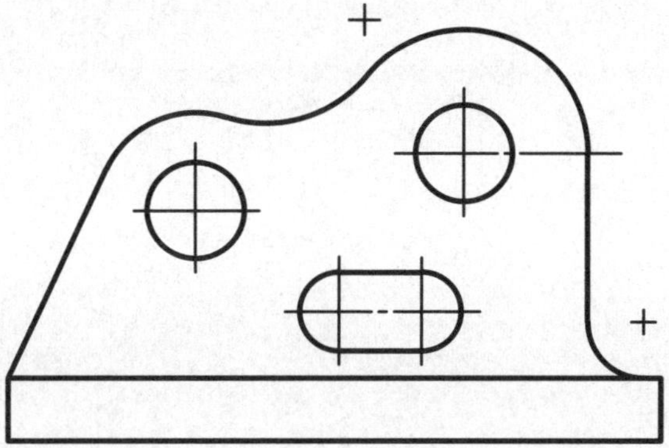

1-8.抄画如下图形，并标注尺寸（用A4图纸）。

（1）

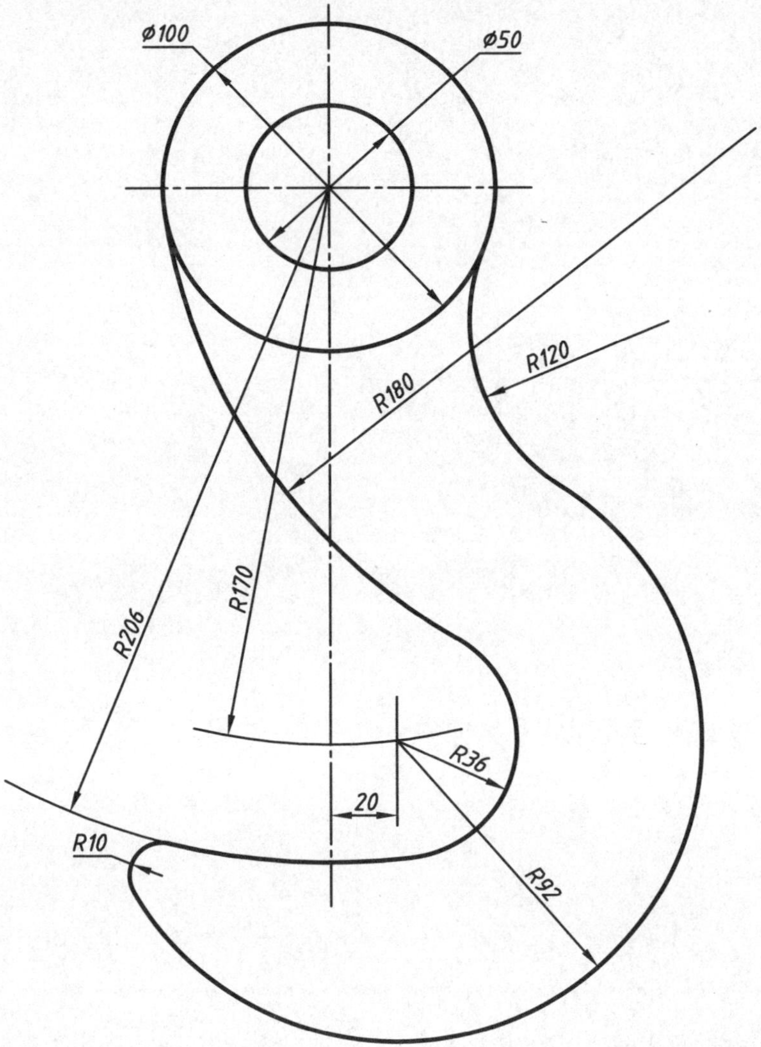


用1:2的比例绘制

（2）

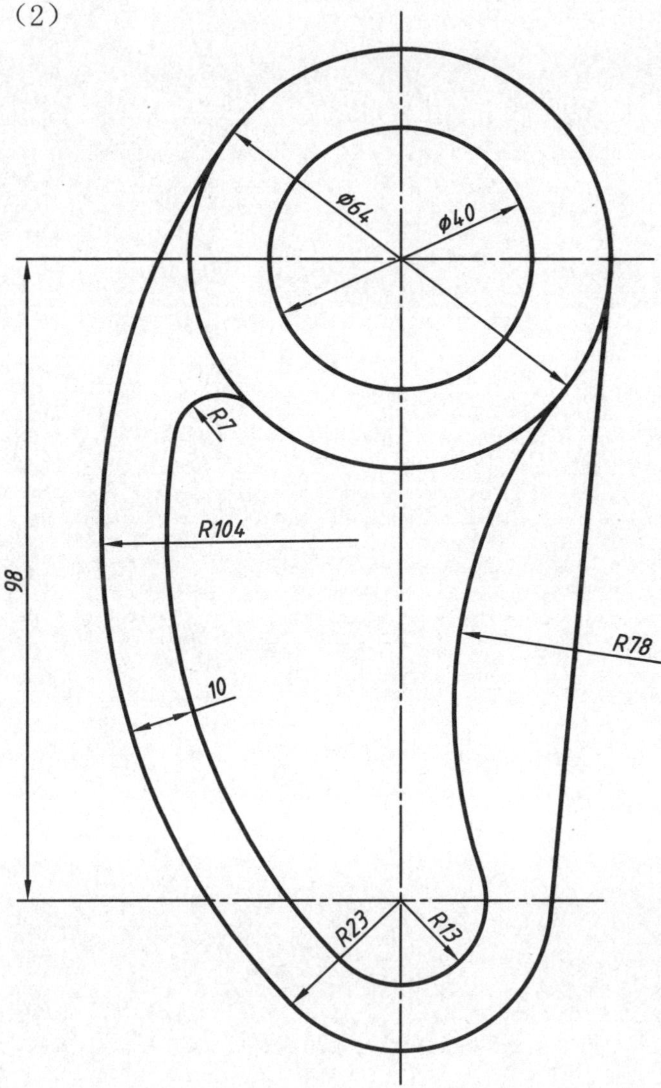


用1:1的比例绘制

1-9. 第一次大作业——在A3图纸上用1:1的比例绘制第10页的两个图形。

## 一、目的、内容与要求

（1）目的：初步掌握国家标准《机械制图》的有关内容，学会绘图仪器和工具的使用方法。

（2）内容：

抄画线型，不注尺寸；

抄画零件轮廓（也可选择11页的零件轮廓），并注尺寸。

（3）要求：布置适当，线型符合国家标准，字体工整，连接光滑，图面整洁。

## 二、图名、图幅、比例

（1）图名：基本练习。

（2）图幅：A3。

（3）比例：1:1。

## 三、绘图步骤及注意事项

（1）绘图前应仔细分析所画图形以确定正确的作图步骤，特别要注意必须正确作出零件轮廓线上圆弧连接的各切点及圆心位置，在图面布置时还应考虑预留标注尺寸的位置。

（2）线型：粗实线粗度为约0.7mm，虚线的画为4～5mm，短间隔为1mm，点画线的长画15～20mm，间隔及点共约3mm。

（3）字体：图中汉字均为长仿宋体并可按字体大小先打好格子然后写字；标题栏内图名、校名及图号写10号字，姓名写在制图栏内，学号写在学号栏内，都用5号字；图中尺寸数字写3.5号字。

（4）箭头：宽0.5～0.7mm，长约是宽的4倍左右。

（5）完成底稿后，经仔细校核无误后方可加深。

（1）线型

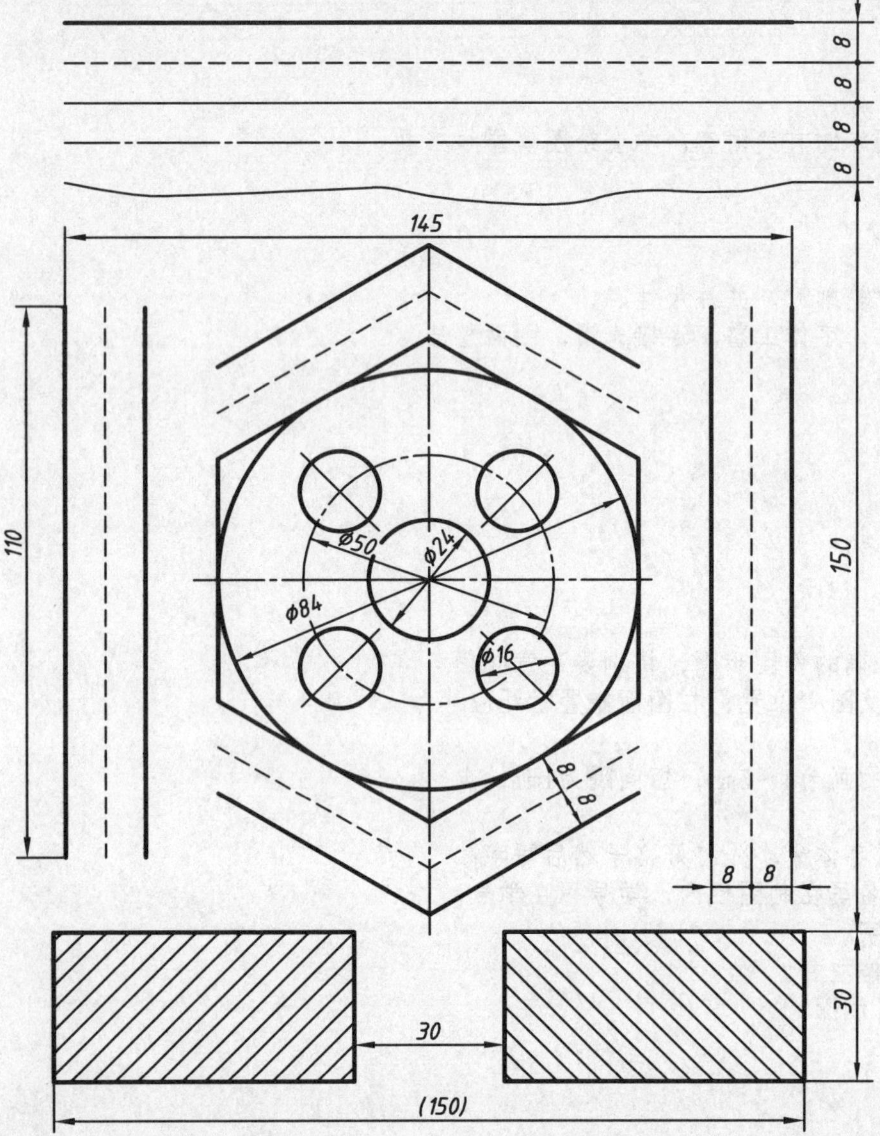


（2）零件轮廓

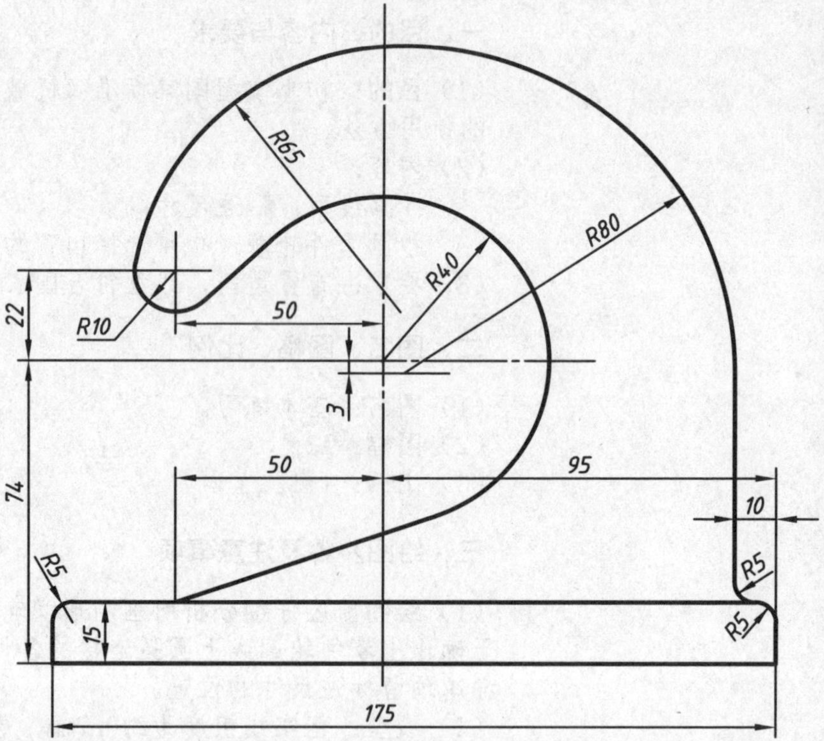


| | | | | |
|---|---|---|---|---|
| 基本练习 | | 比例 | | （图号） |
| | | 数量 | | |
| 制图 | | 材料 | | 学号 |
| 校核 | | （校名） | | |
| 审核 | | | | |

1-10. 绘制零件轮廓图（由教师指定图幅及图形）。

（1）起重钩

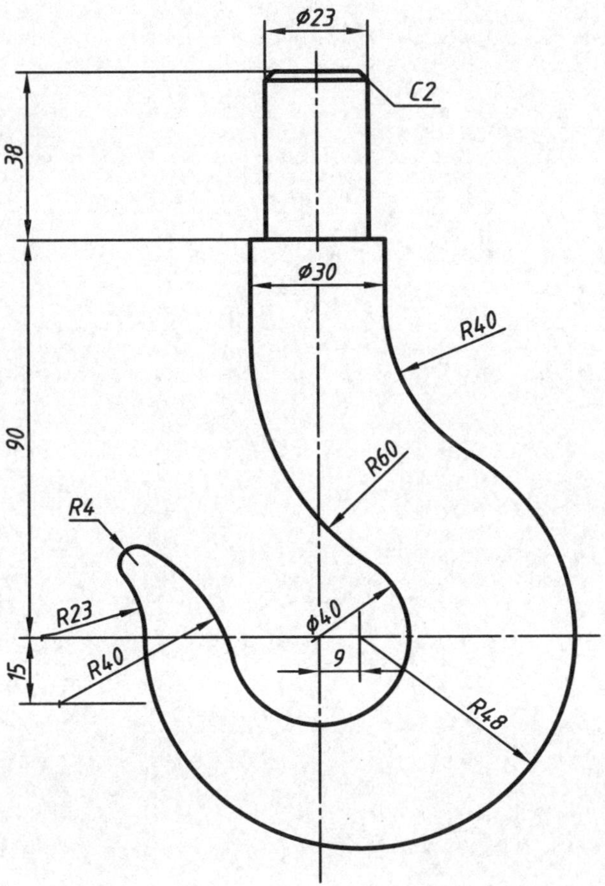


（2）挂轮架

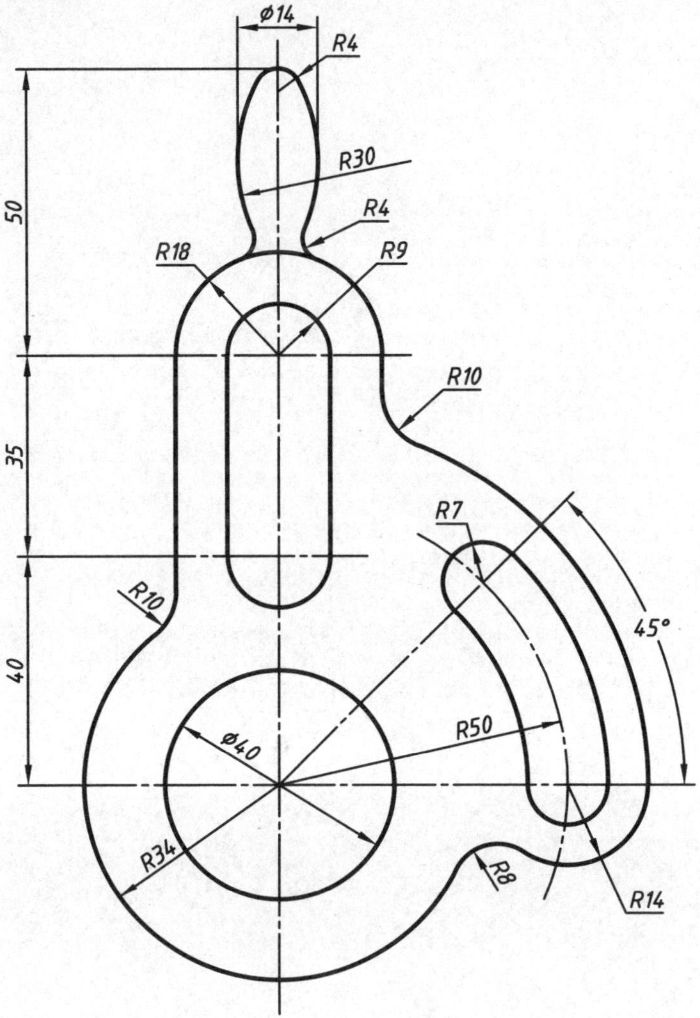

2-1. 已知各点的空间位置，作出其投影图。

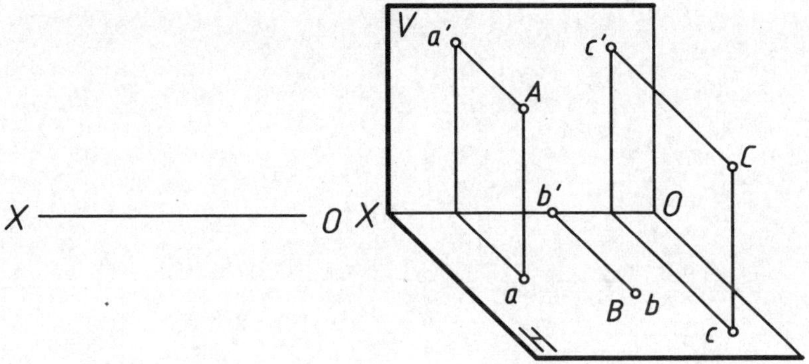


2-2. 已知$A$、$B$、$C$、$D$四点的投影图，试确定各点的空间位置（填空）。

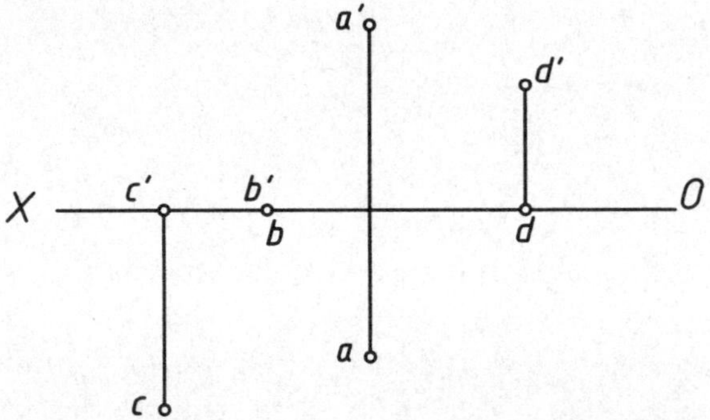


$A$点到$H$面的距离是（　　）mm，到$V$面的距离是（　　）mm。
$B$点到$H$面的距离是（　　）mm，到$V$面的距离是（　　）mm。
$C$点到$H$面的距离是（　　）mm，到$V$面的距离是（　　）mm。
$D$点到$H$面的距离是（　　）mm，到$V$面的距离是（　　）mm。

2-3. 已知$A$、$B$、$C$三点的空间位置，试作出其投影图。

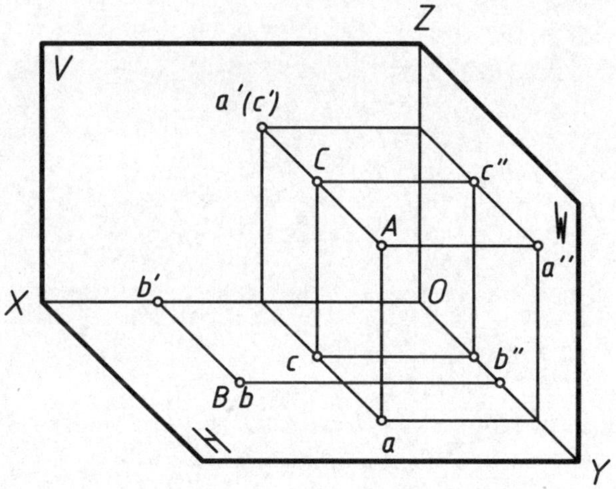


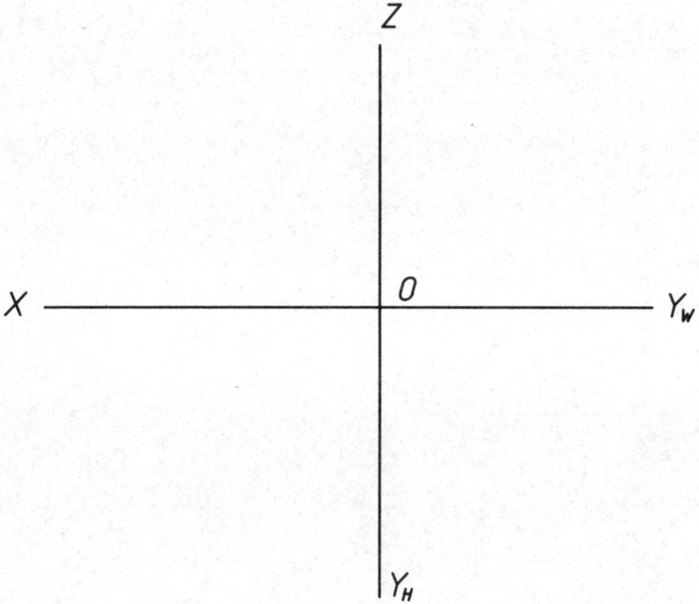

2-4. 已知各点的两面投影，求其第三面投影。

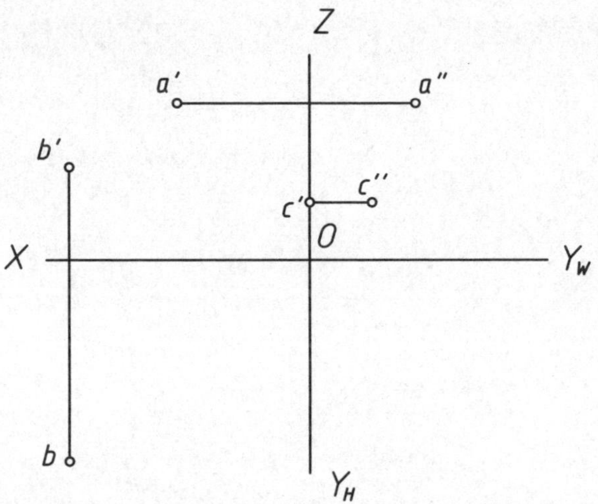


2-5. 已知点$A$、$B$在与H面垂直的一条直线上，$A$点的坐标为（20, 15, 10），$B$点比$A$点高10mm，试作出这两点的三面投影。

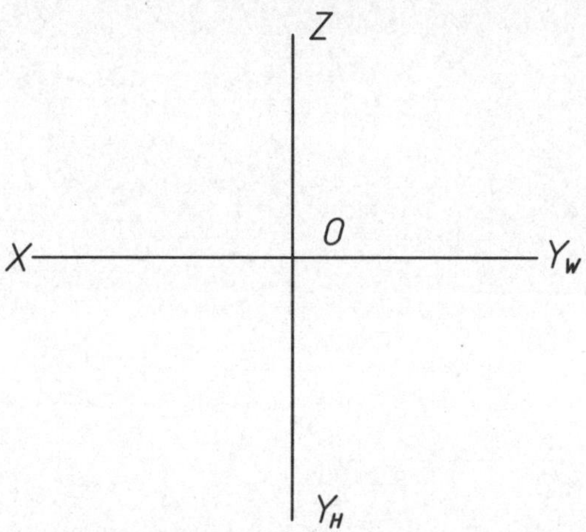


2-6. 已知点$B$在点$A$的左方10mm，下方15mm，前方5mm；点$C$在点$A$的正前方15mm；试作出点$B$和点$C$的三面投影。

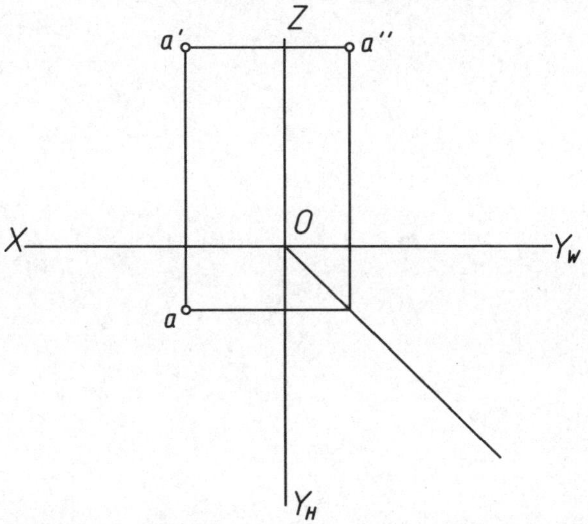


2-7. 在物体的三面投影图中标出$A$、$B$、$C$、$D$四点的三面投影。

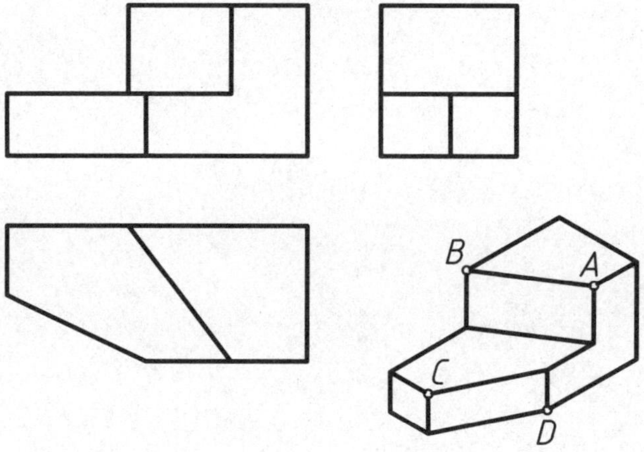

2-8. 作出下列各直线的第三投影，并判断它们与投影面的相对位置（写在横线上）。

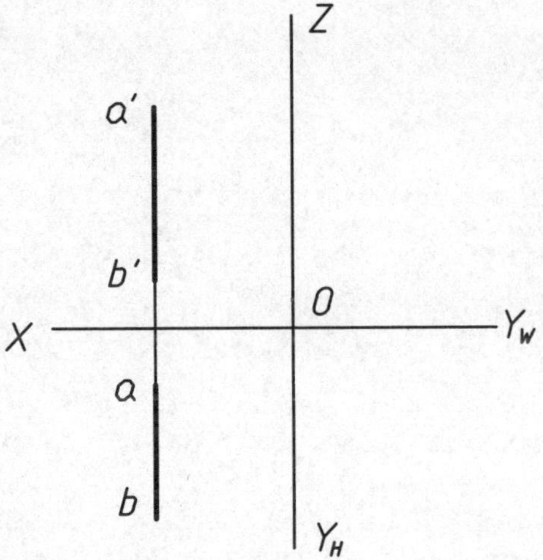


（1）________

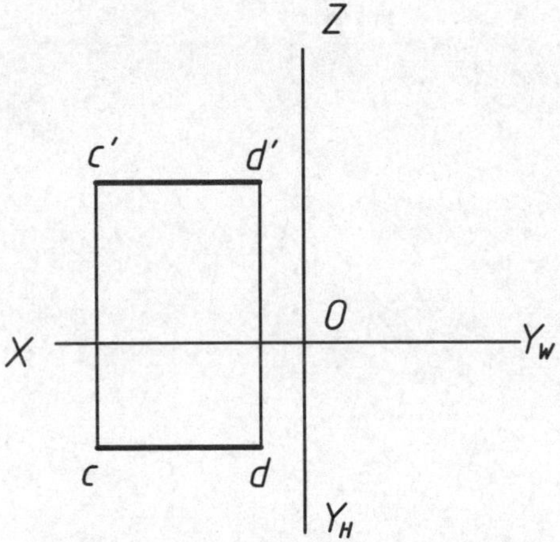


（2）________

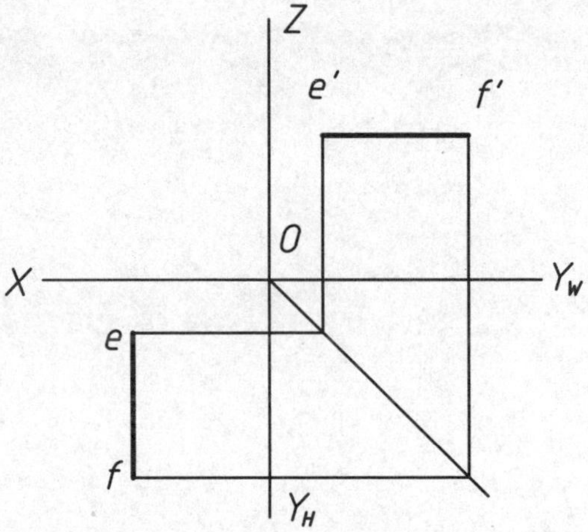


（3）________

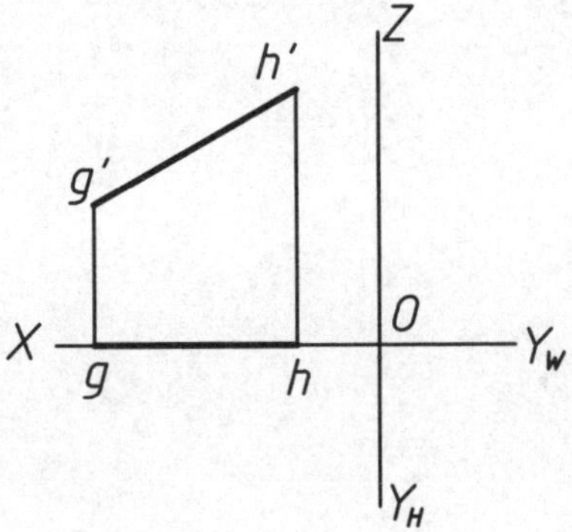


（4）________

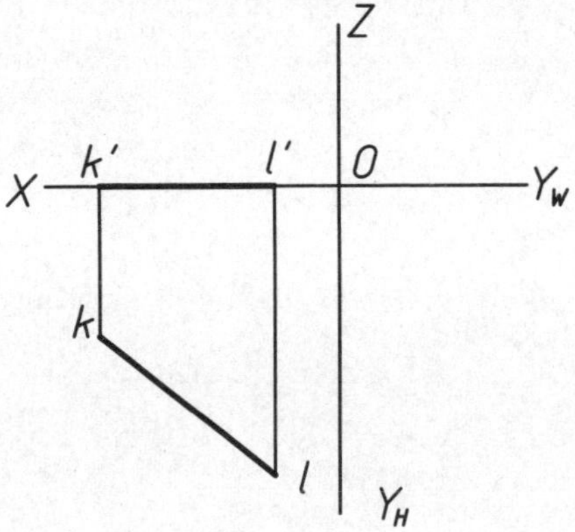


（5）________

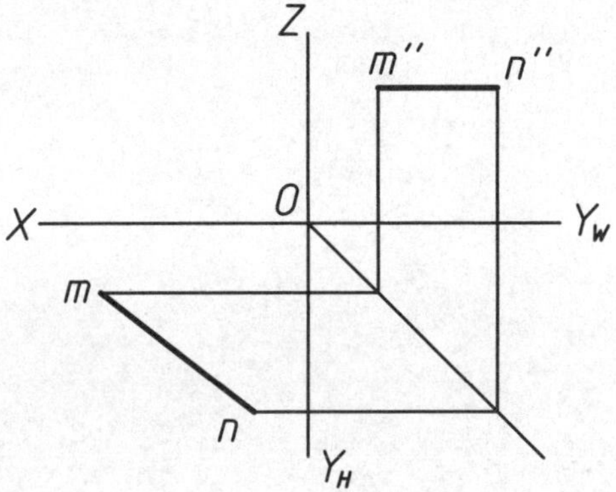


（6）________

2-9. 按要求作出下列各直线的投影图（只画出一解）：（1）过$A$点作水平线$AB$=25mm，$\gamma$=30°；（2）过$C$点作侧平线$CD$=25mm，$\alpha$=60°；（3）过$E$点作正平线$EF$=15mm，$\alpha$=60°；（4）过$K$点作侧垂线$KL$=20mm。

（1）

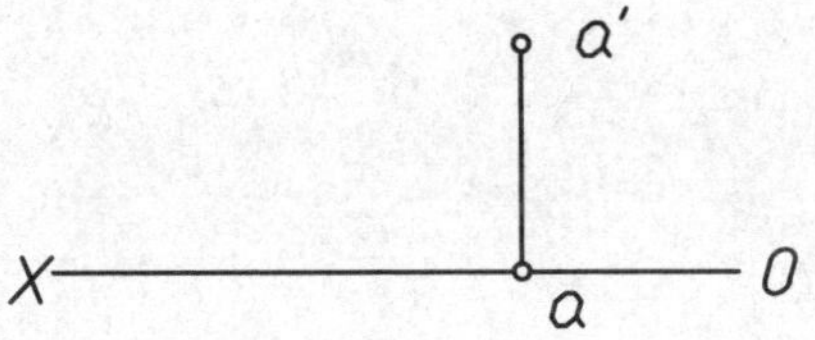


（2）

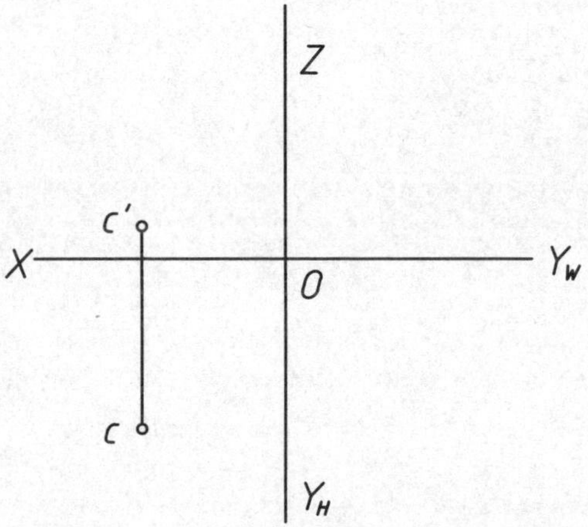


（3）

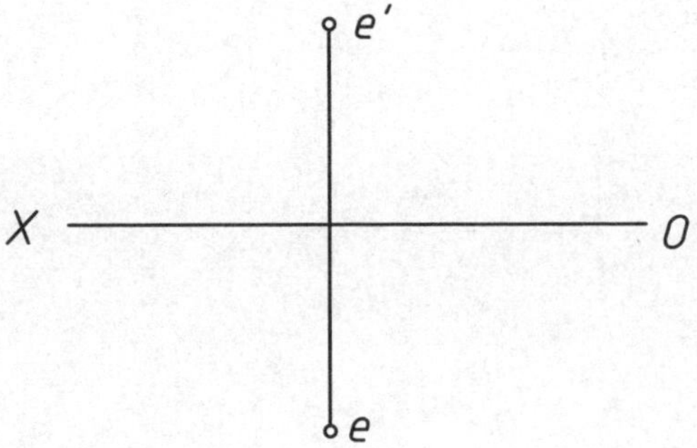


（4）

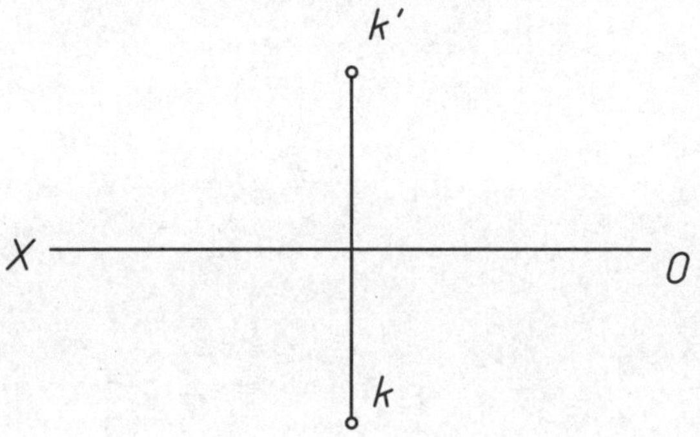

2-10. 根据立体图，在物体的投影图中标出AB、BC、CD、CE、AG、DF线段的三面投影，并说明它们各是什么位置直线。

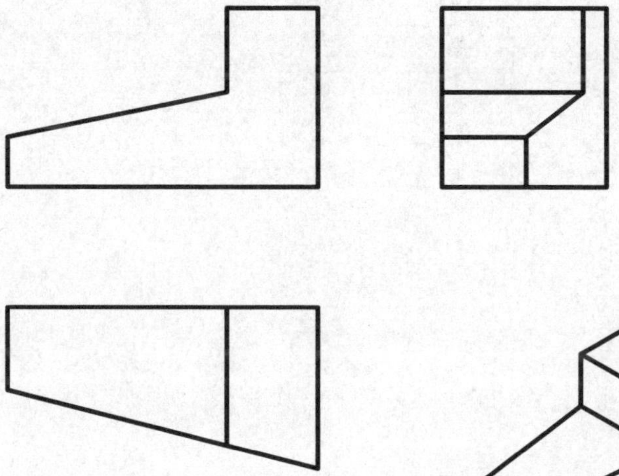

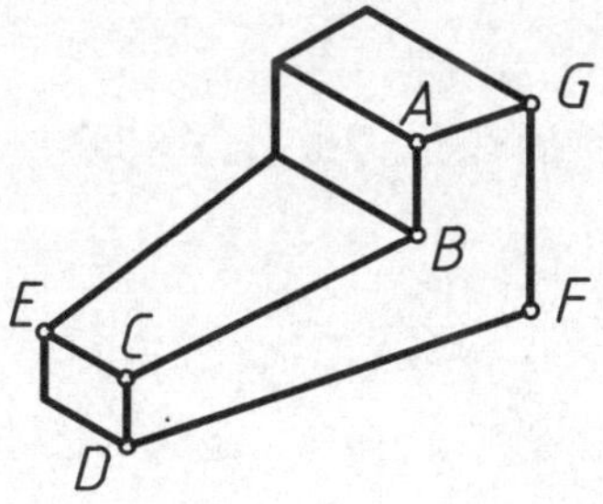


AB是__________线

BC是__________线

CD是__________线

CE是__________线

AG是__________线

DF是__________线

2-11. 在已知直线AB上确定一点P，使AP:PB=3:5。

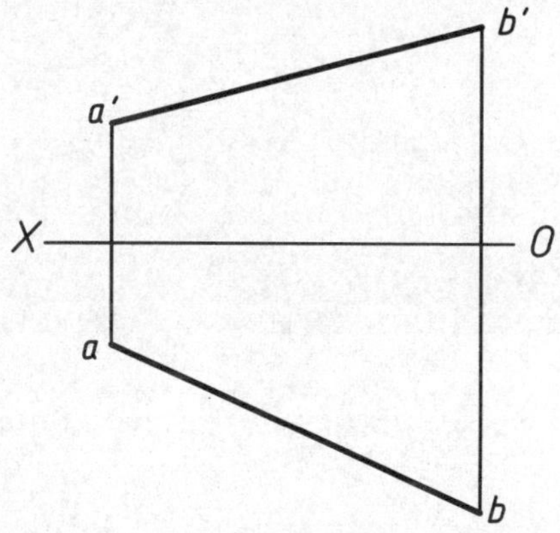


2-12. 已知K点在直线AB上，求其正面投影k′。

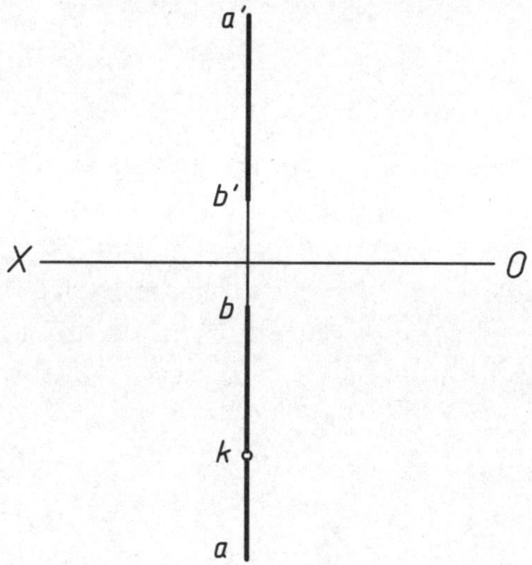

2-13. 标出交叉二直线重影点的投影，并判别其可见性。

（1）

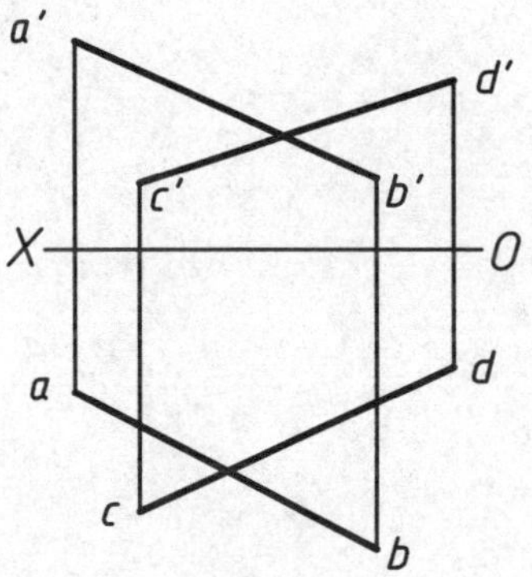


（2）

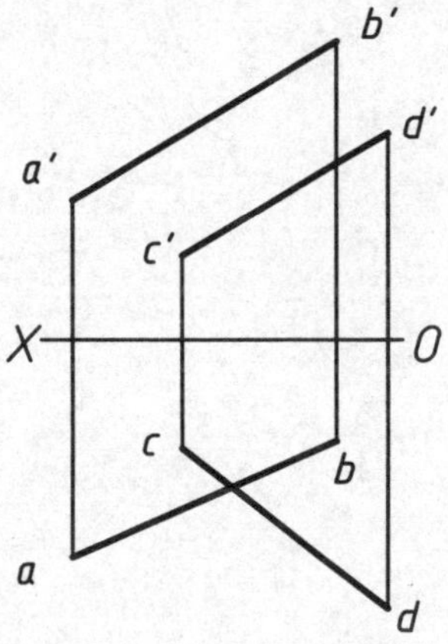


（3）

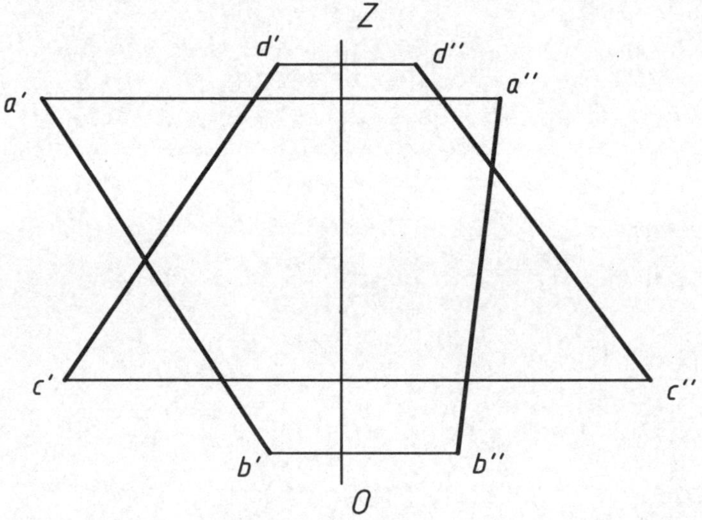


2-14. 作一条直线$KL$，使之与$AB$、$GH$相交，且与$MN$平行。

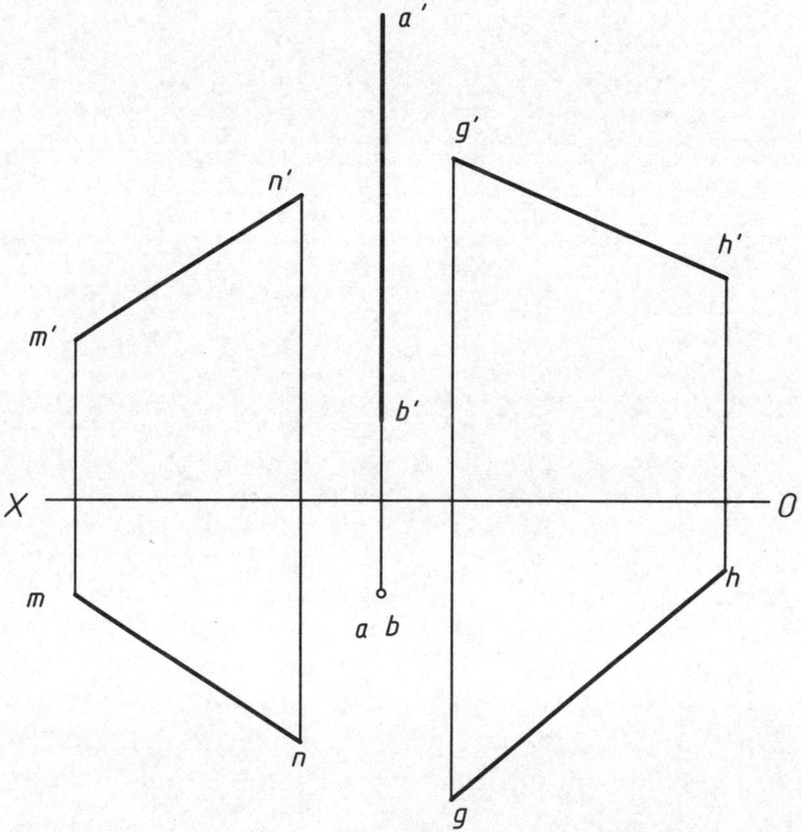

2-15. 在投影图中用字母标出立体图中指定平面的投影，并填写其相对于投影面的位置。

（1）

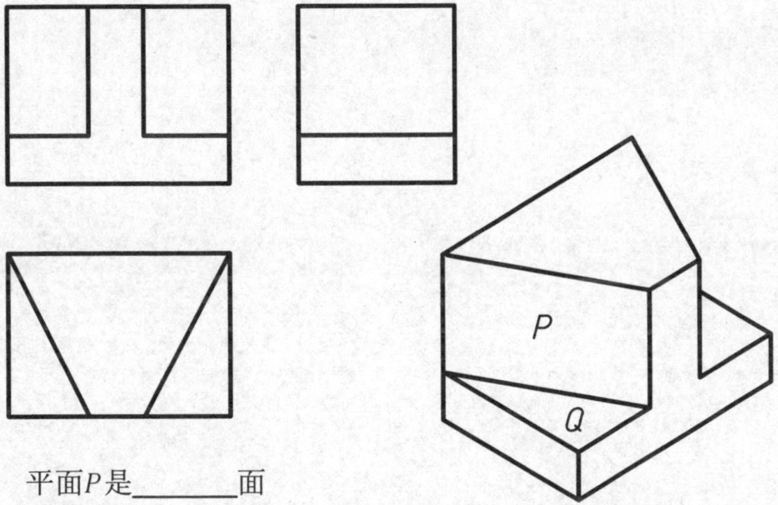


平面$P$是________面
平面$Q$是________面

（2）

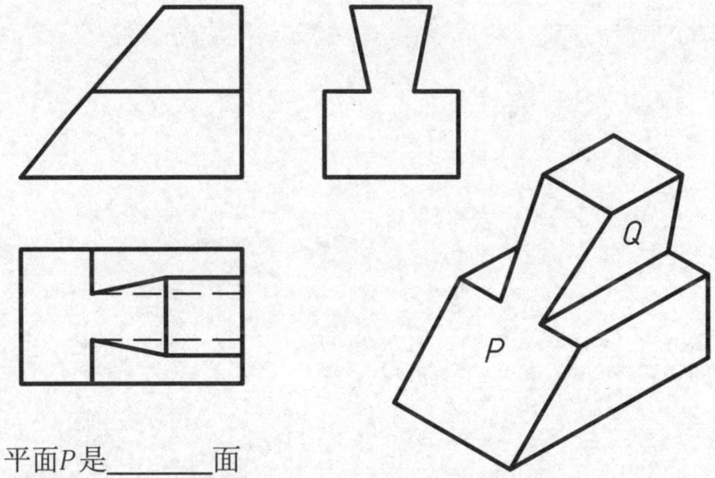


平面$P$是________面
平面$Q$是________面

（3）

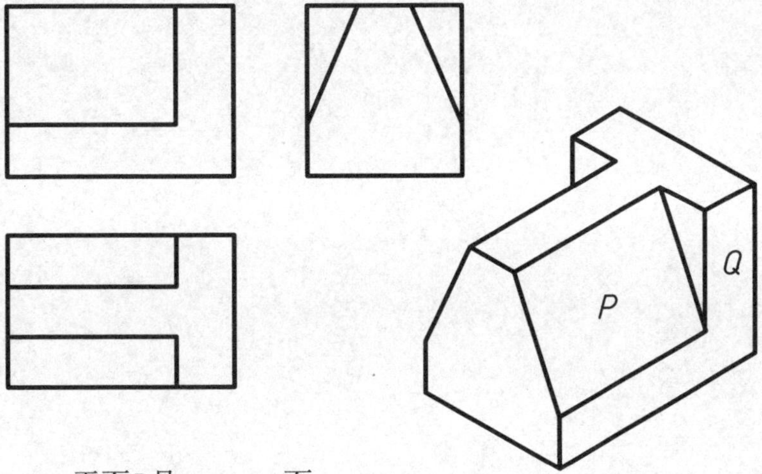


平面$P$是________面
平面$Q$是________面

（4）

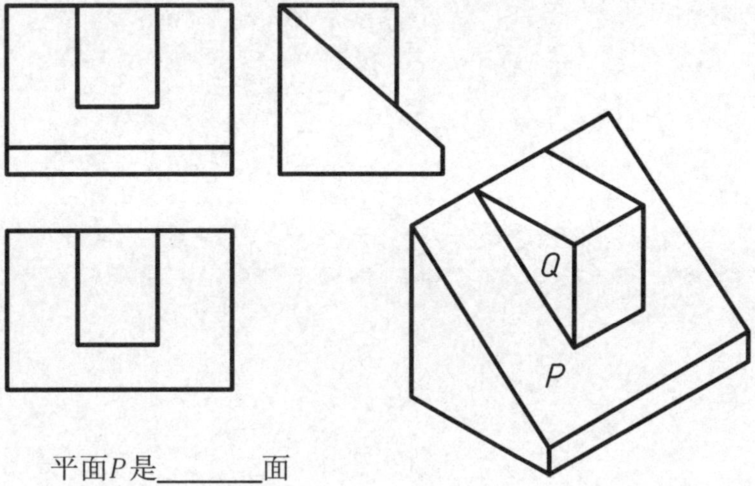


平面$P$是________面
平面$Q$是________面

2-16. 已知平面的两个投影，求其第三投影，并判明平面对投影面的位置（写在横线上）。

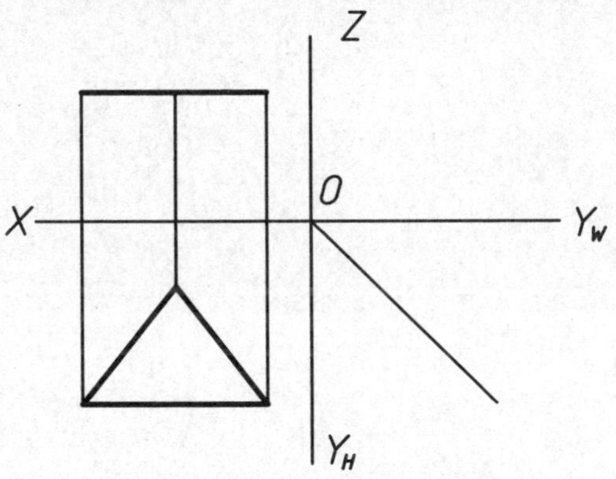


（1）________

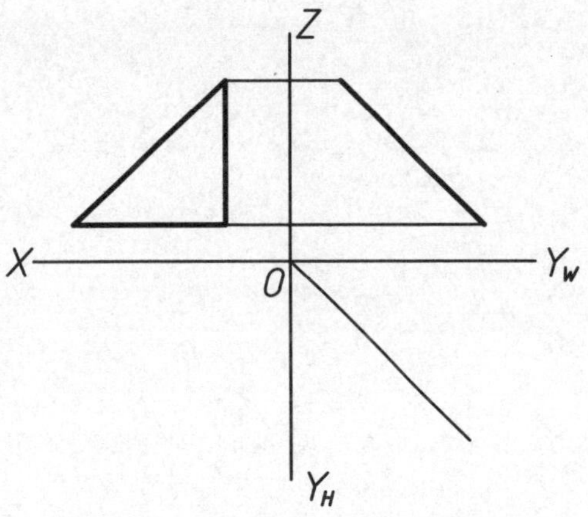


（2）________

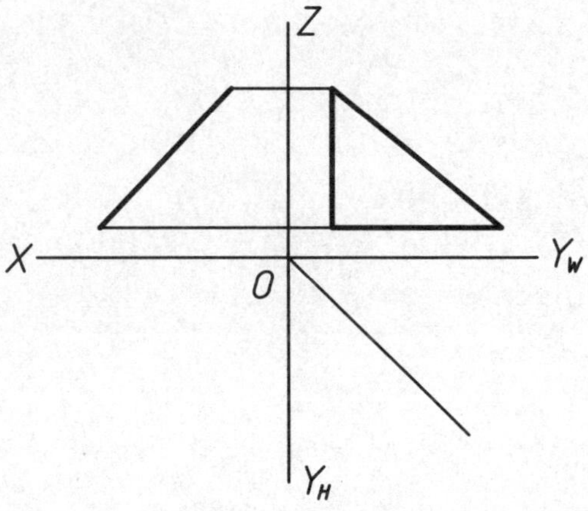


（3）________

2-17. 按已知条件完成下列各平面的水平投影或正面投影：（1）铅垂面$\beta$=30°；（2）正平面；（3）正垂面$\gamma$=60°。

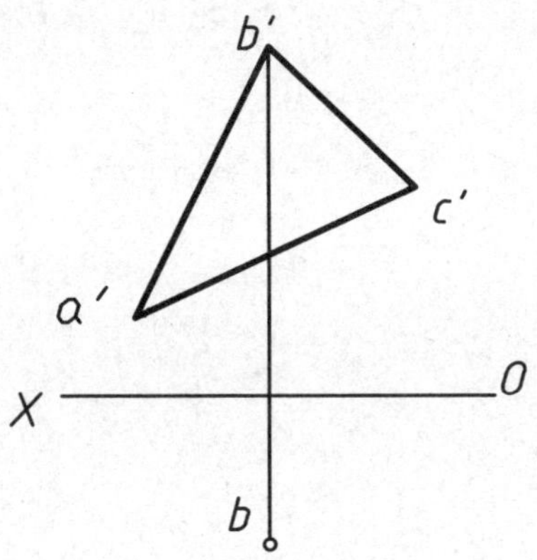


（1）

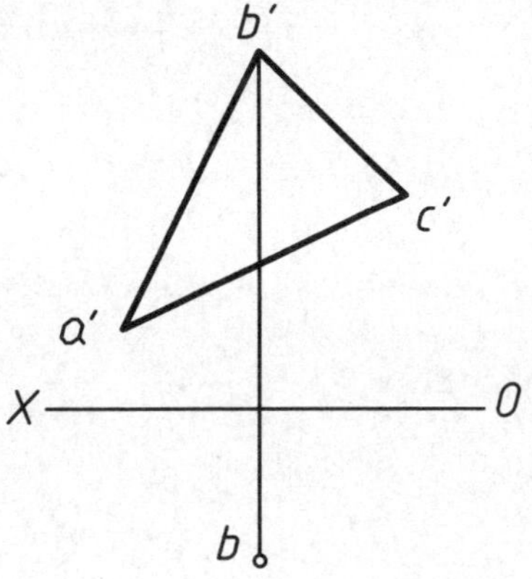


（2）

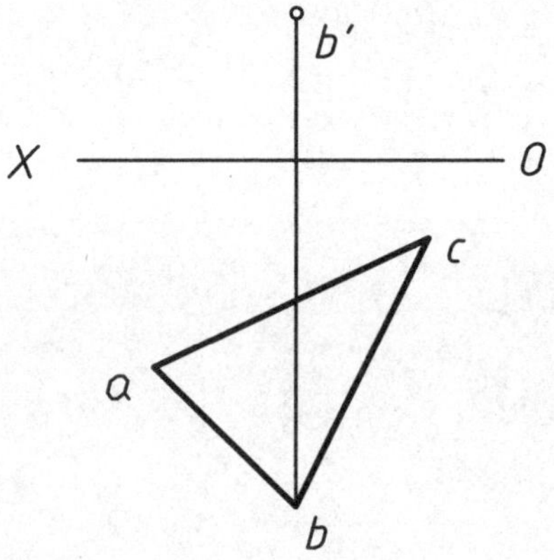


（3）

2-18. 判断$K$点是否在平面上（写在横线上）。

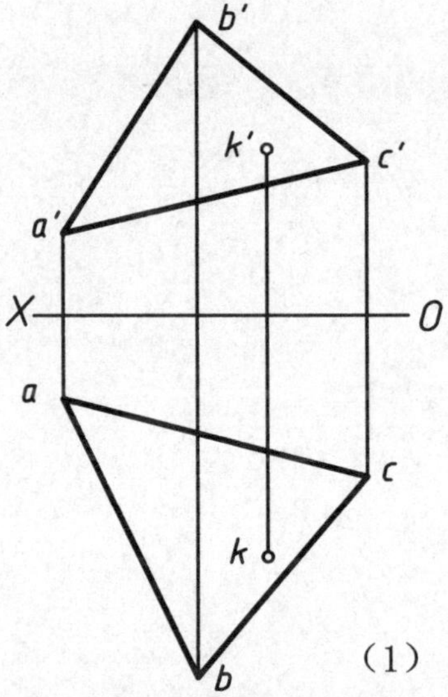


（1） ____

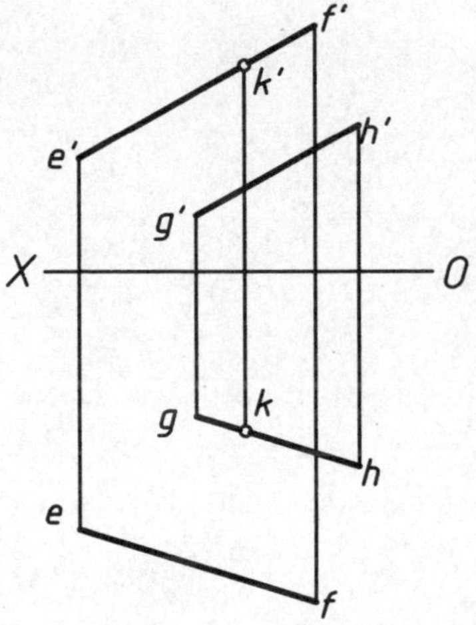


（2） ____

2-19. 在三角形$ABC$内确定点$K$，使$K$点距$H$面为15mm，距$V$面为18mm。

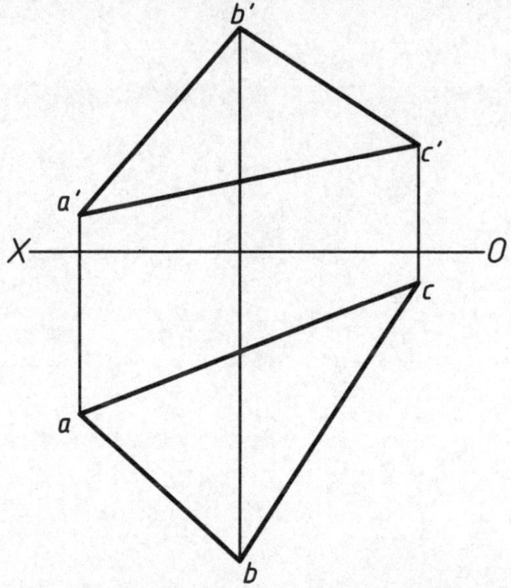


2-20. 过下列线段按要求作平面（用迹线表示）。

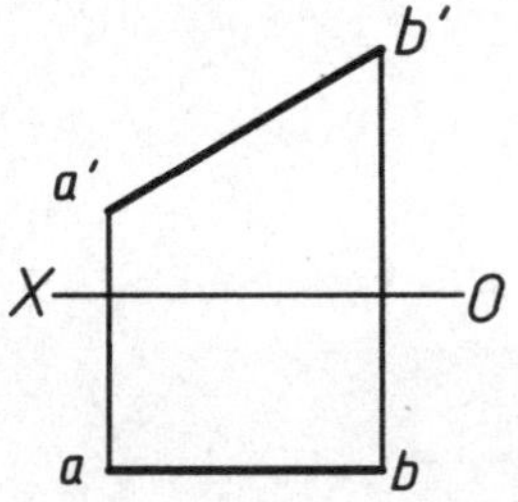


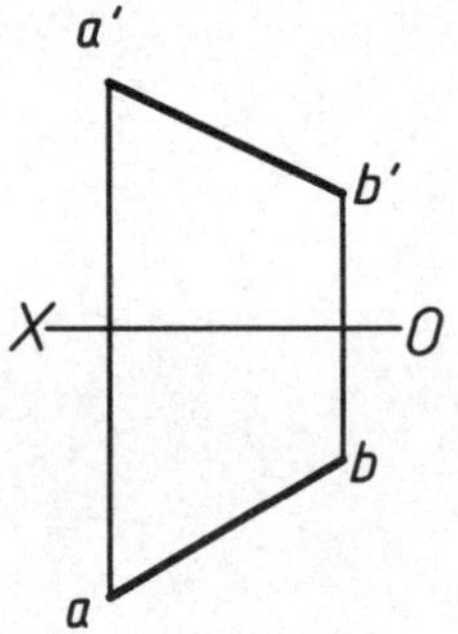


（1） 作正平面　　（2） 作铅垂面

2-21. 完成平面$ABCD$上三角形$EFG$的侧面投影。

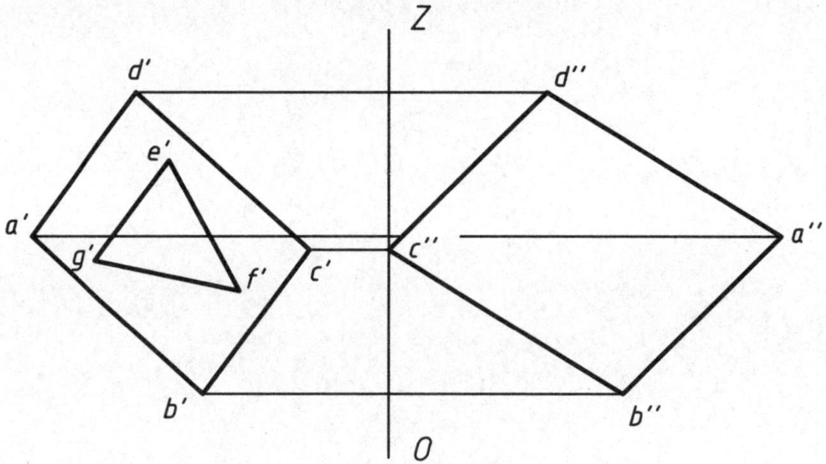

2-22. 试完成五边形*ABCDE*的水平投影。

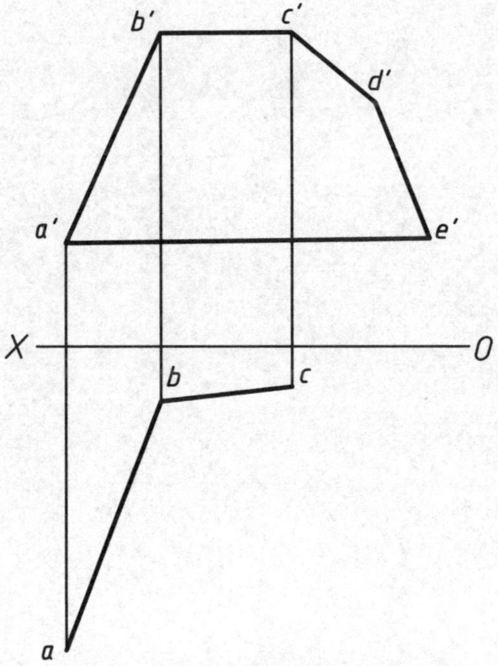


2-23. 已知三角形*ABC*为侧垂面，完成其水平投影。

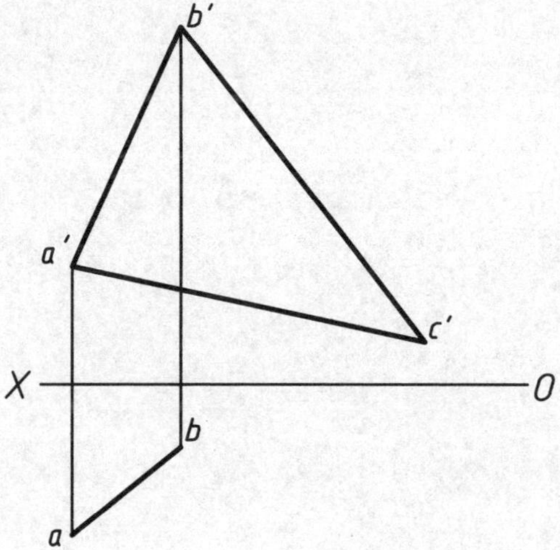

3-1. 作出平面立体的第三视图，并完成其表面上点或线的投影。

（1）

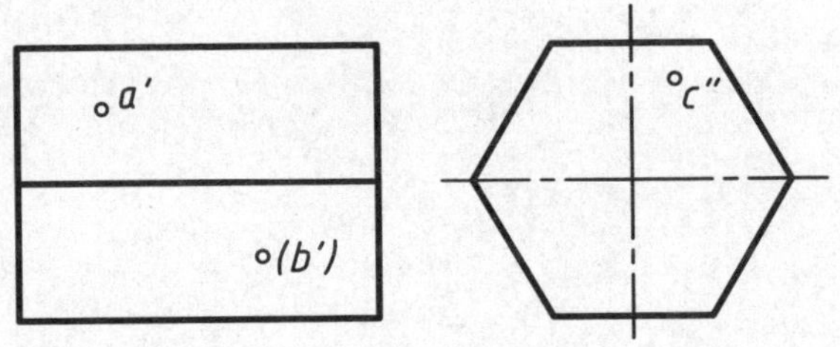


（2）

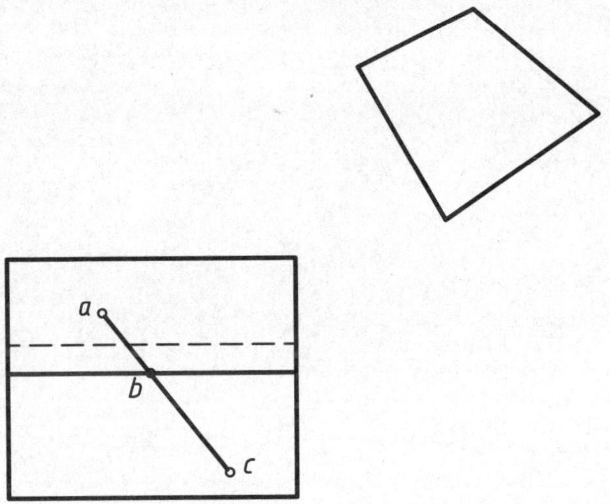


（3）

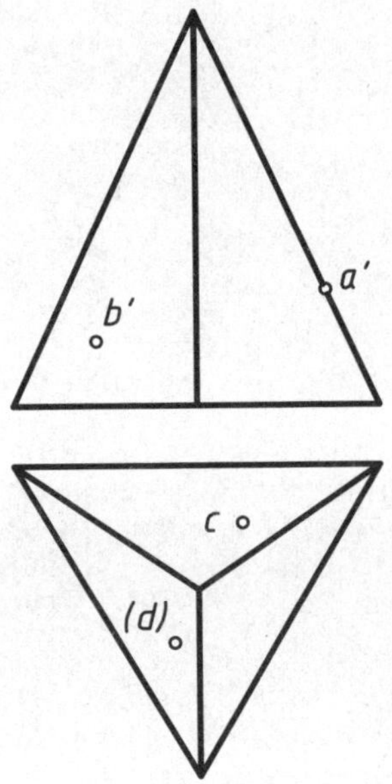


（4）

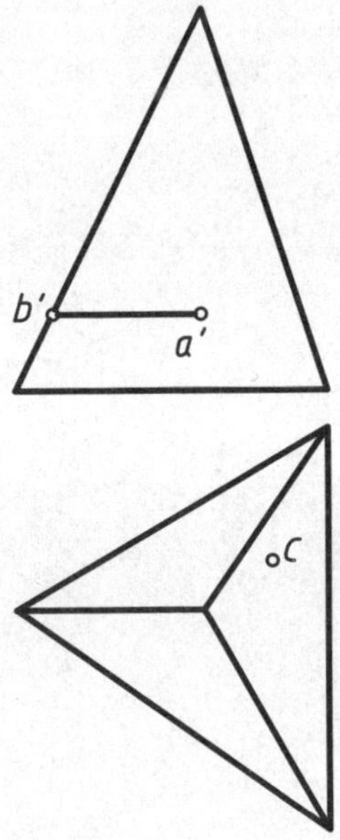

3-2. 完成三棱柱被截切后的左视图。

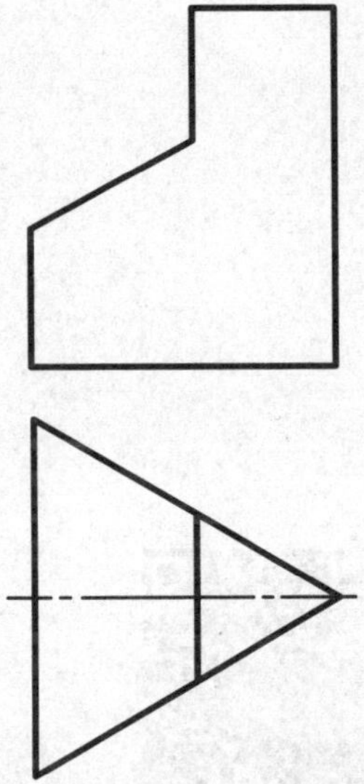

3-3. 完成四棱柱被截切后的俯视图和左视图。

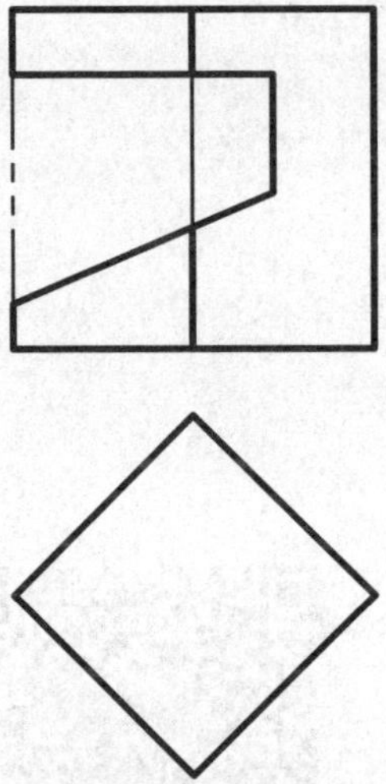

3-4. 完成四棱锥被截切后的俯视图和左视图。

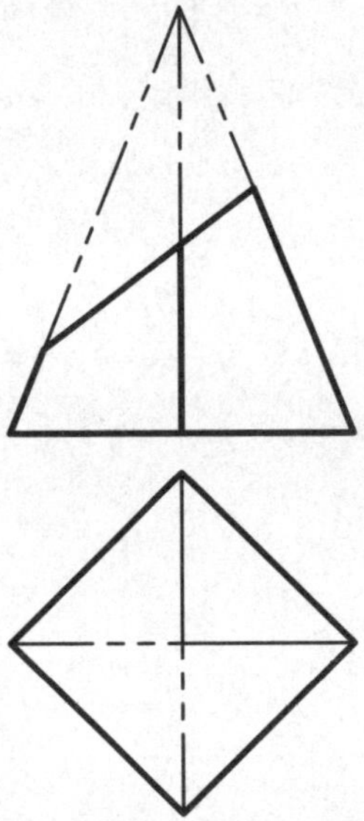

3-5. 完成三棱锥被截切后的俯视图，并补出其左视图。

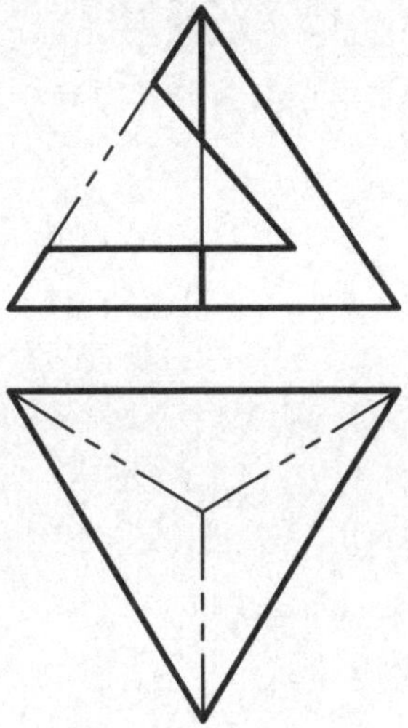

# 模型二维码

3-2

3-3

3-4

3-5

3-6. 作三棱柱被穿孔后的左视图。

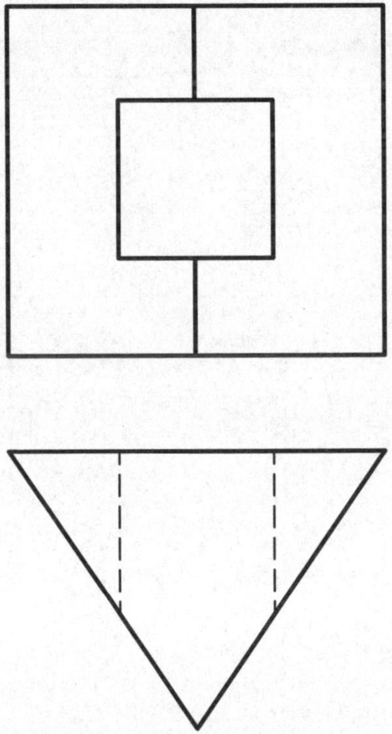

3-7. 画出圆柱的左视图，求出其表面上A、B、C、D点的另外两个投影。

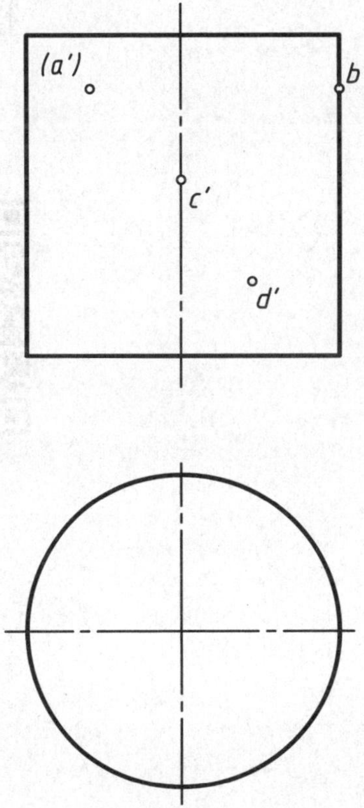

模型二维码

3-6

3-8. 求出圆锥表面上点的另外两个投影。

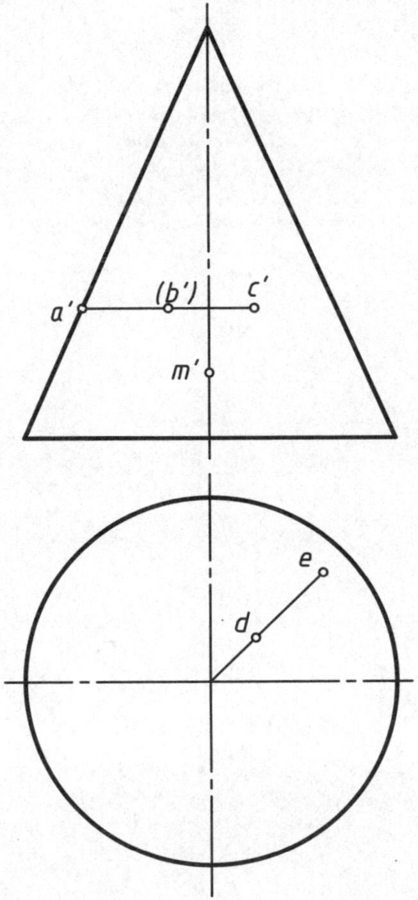


3-9. 画出圆球表面上点的另外两个投影。

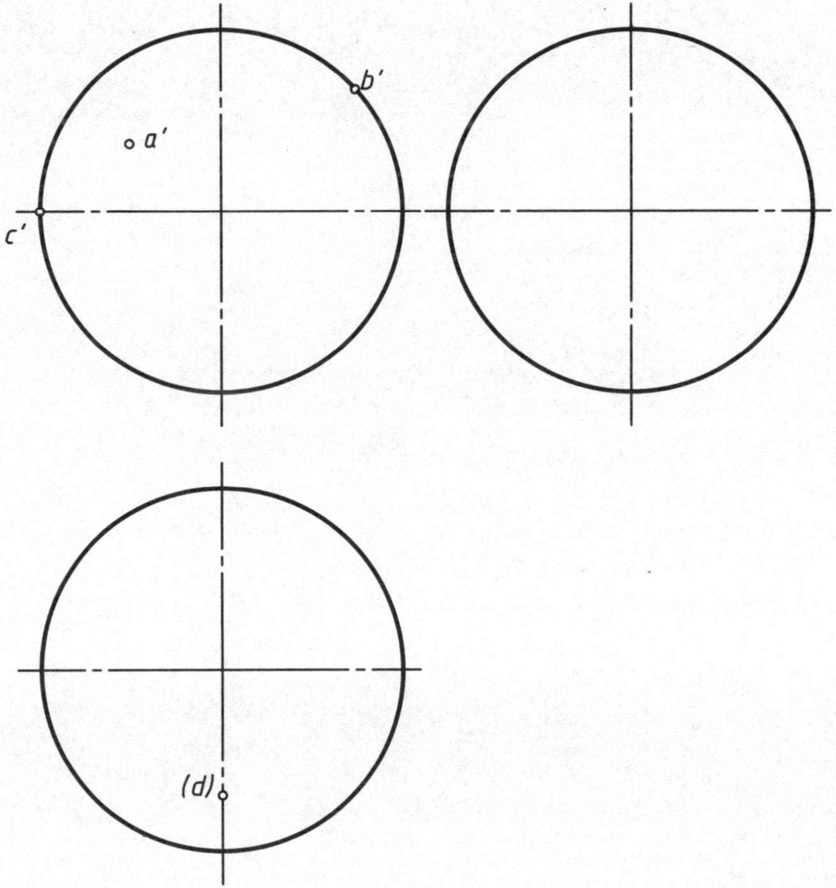

3-10. 求出圆环表面上点的正面投影或水平投影。

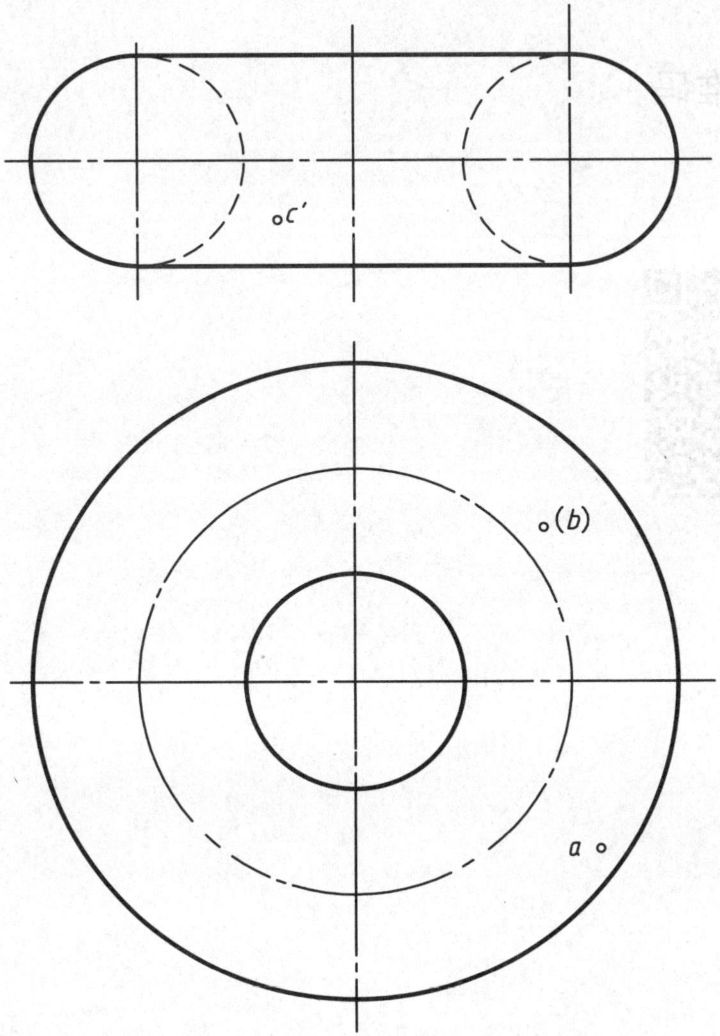


3-11. 分析圆柱体上截交线的性质，画出左视图。

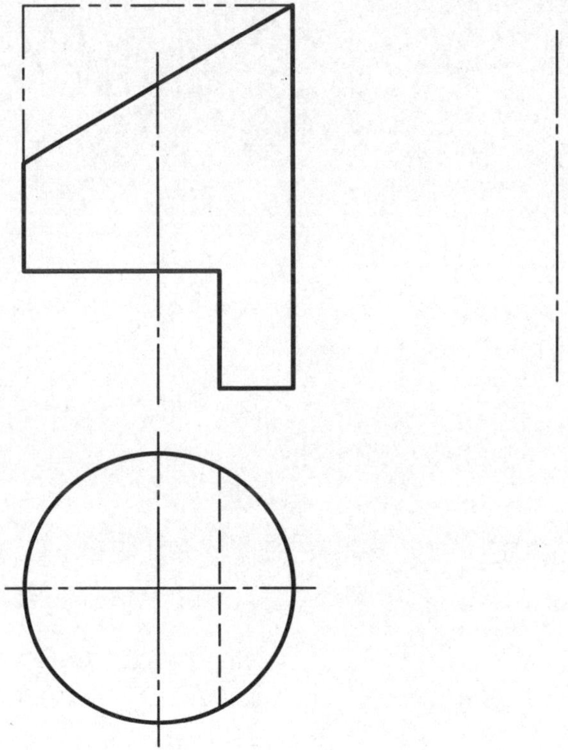

# 模型二维码

3-11

3-12. 分析圆柱体上截交线的性质，画出俯视图。

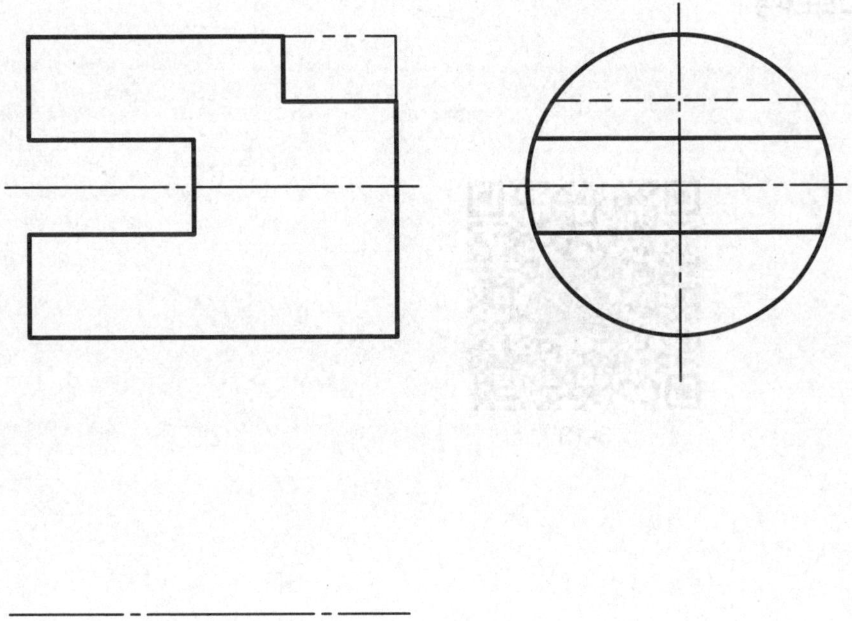

3-13. 分析圆柱体上截交线的性质，画出俯视图。

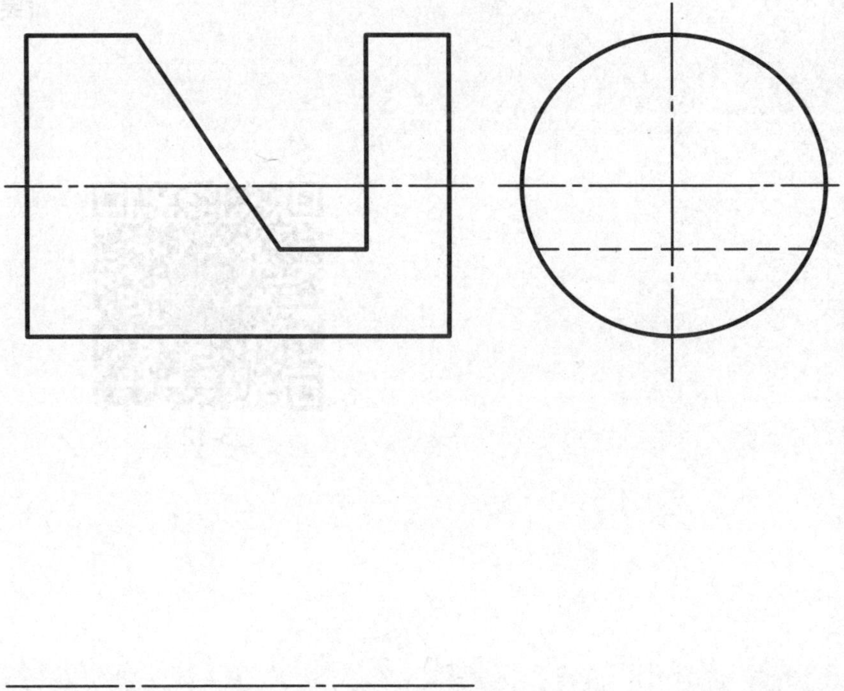

## 模型二维码

3-12

3-13

3-14. 画出空心圆柱被切割后的左视图。

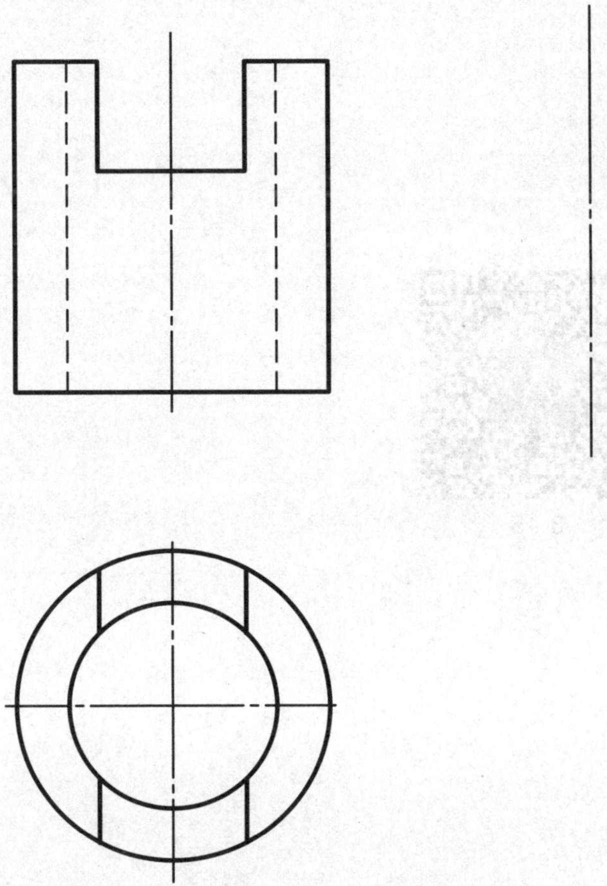

3-15. 画出圆锥体被切割后的俯视图。

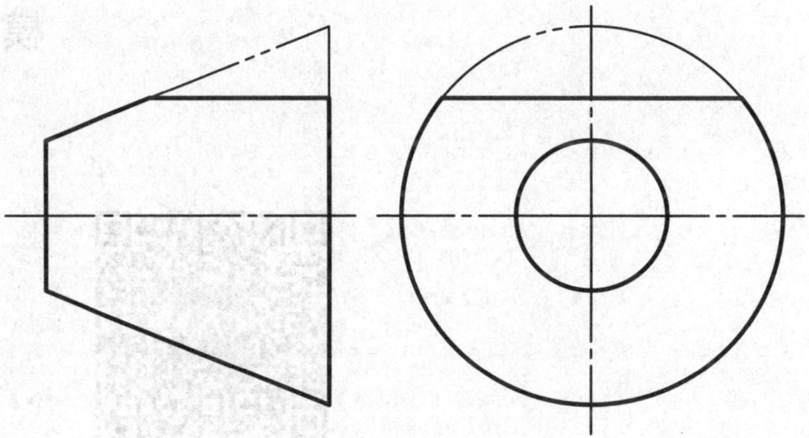

## 模型二维码

3-14

3-15

3-16. 完成圆锥被切割后的俯视图，并画出其左视图。

3-17. 完成半球被切割后的俯视图，并画出其左视图。

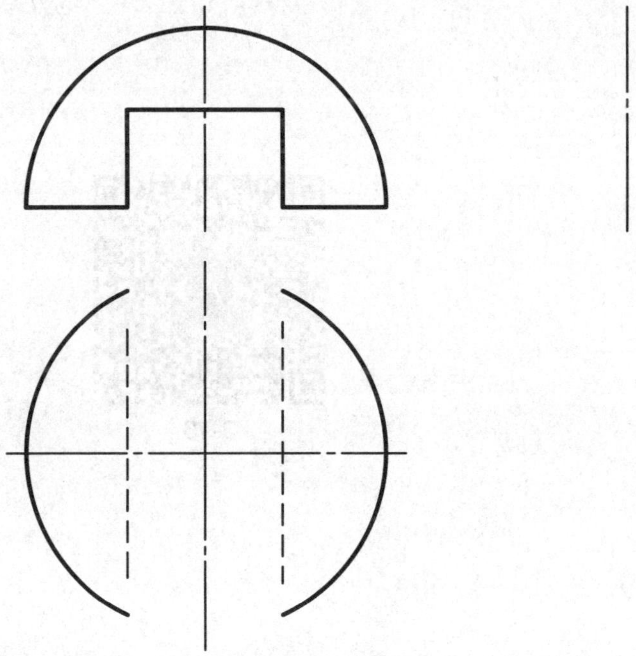

# 模型二维码

3-16

3-17

3-18. 完成复合回转体被切割后的俯视图。

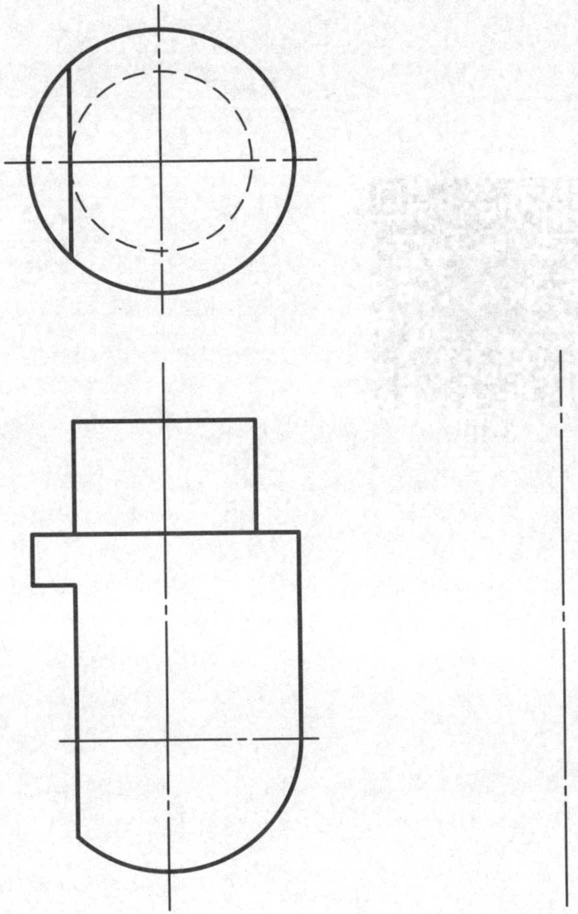

3-19. 求两圆柱体的相贯线。

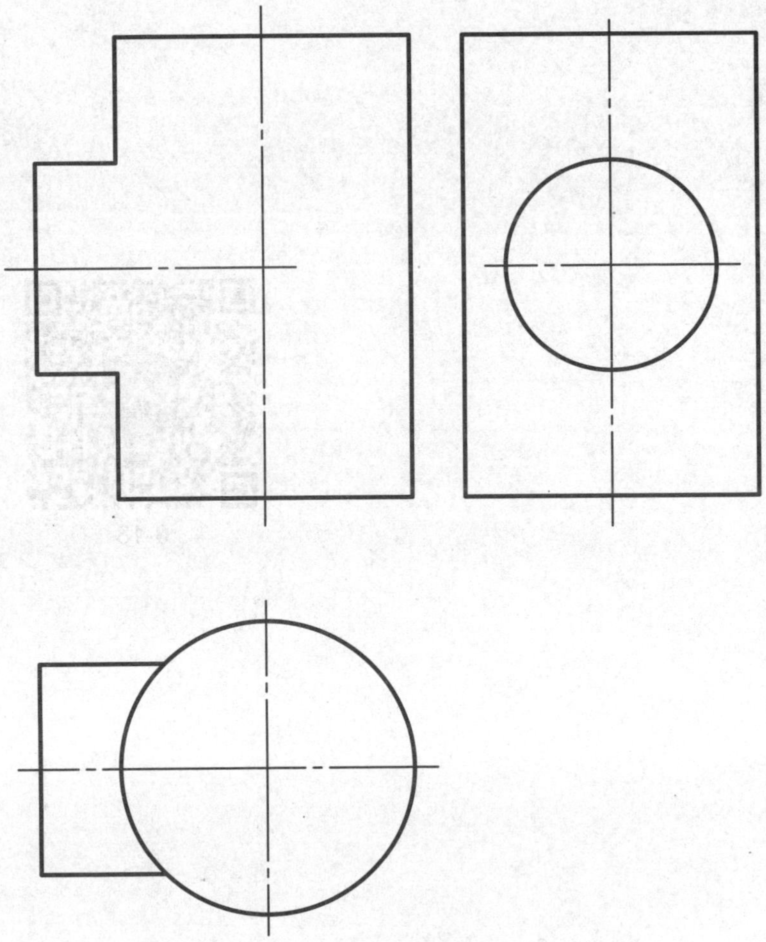

# 模型二维码

3-18

3-19

3-20. 求圆柱体被穿孔后的左视图。

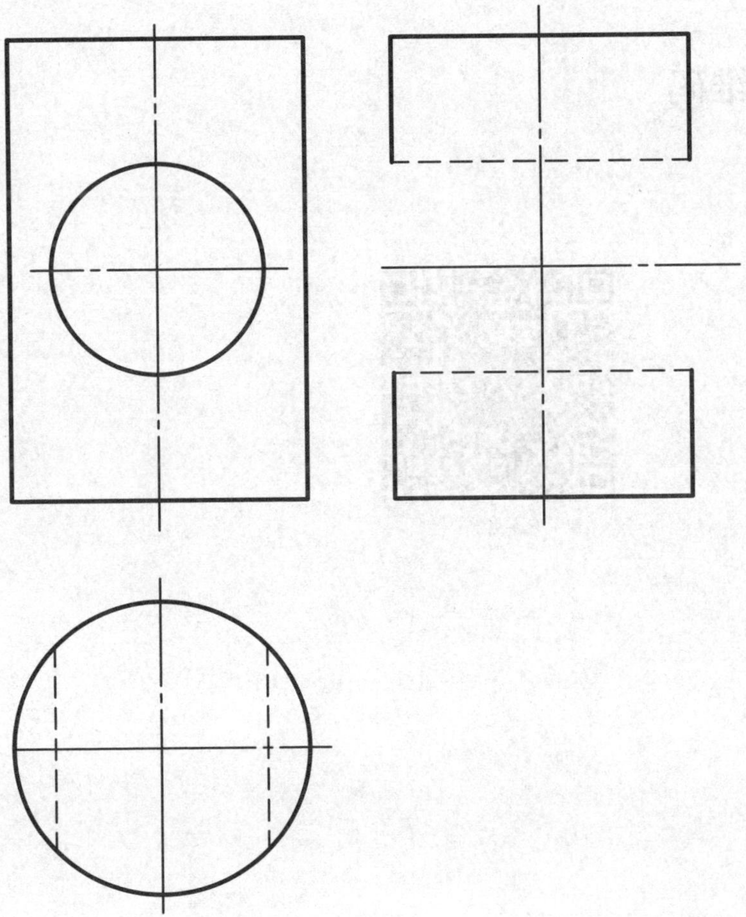

3-21. 求相贯线的正面投影。

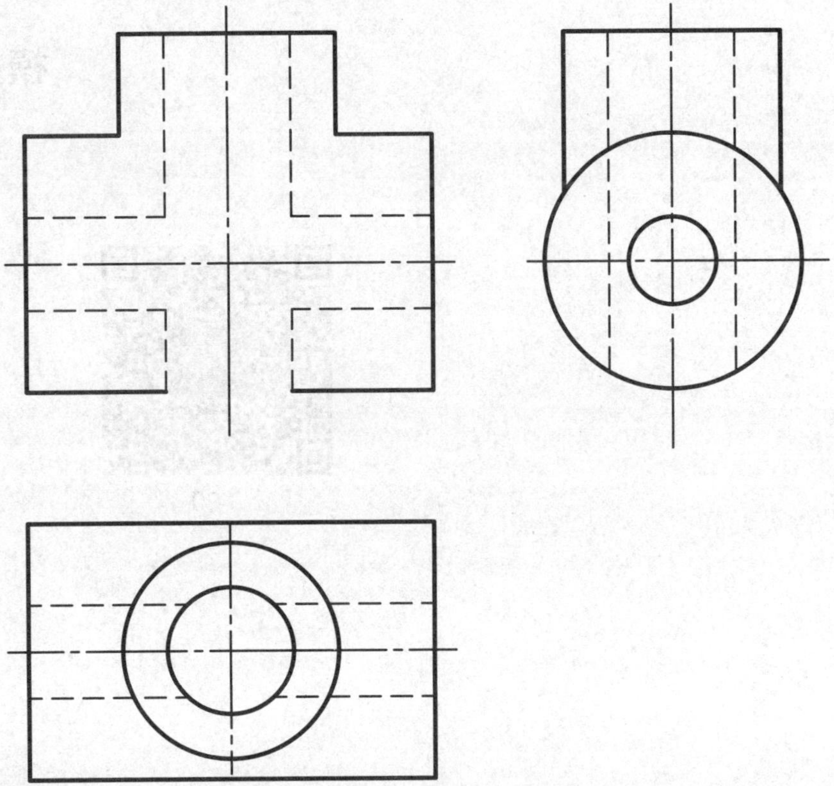

## 模型二维码

3-20

3-21

3-22. 求圆柱与圆台的相贯线。

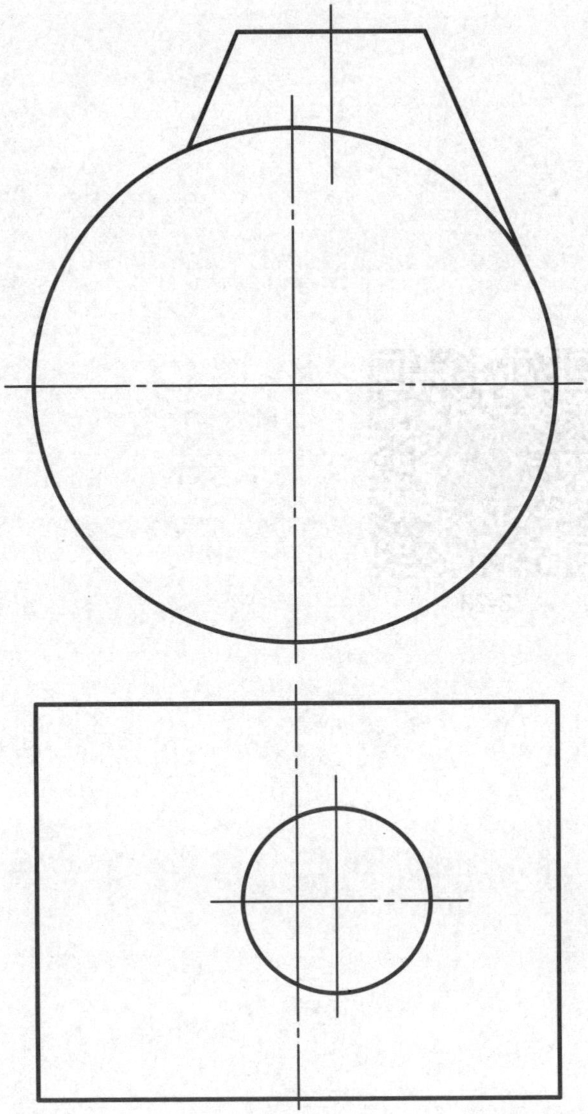

3-23. 补全圆锥体被穿孔后的俯视图和左视图。

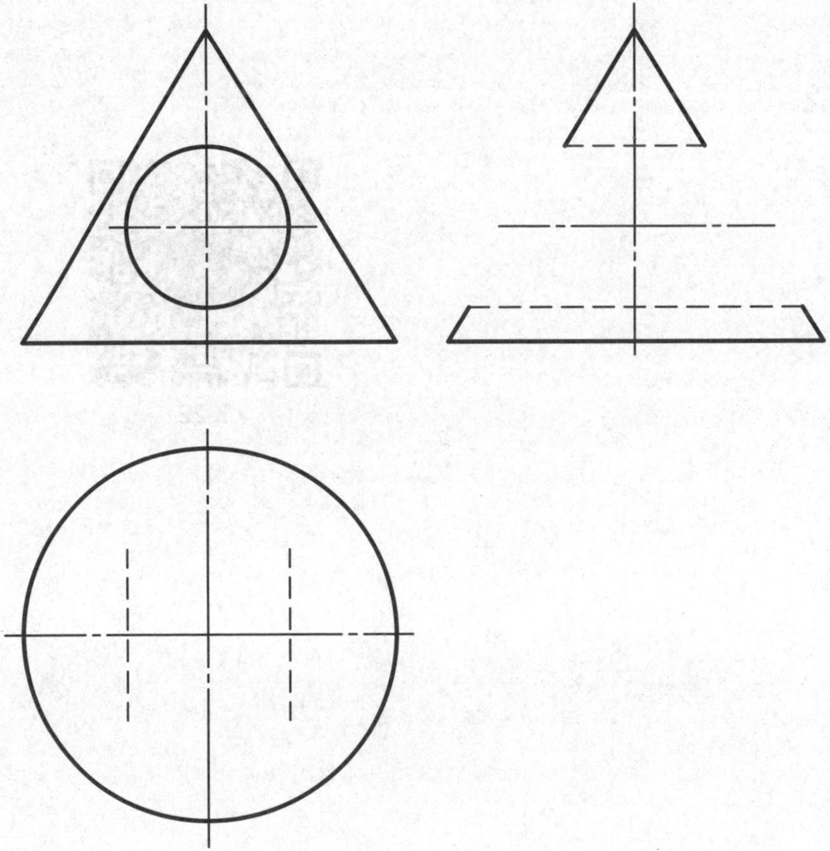

## 模型二维码

3-22

3-23

3-24. 完成两圆柱体相贯线的投影。

（1）

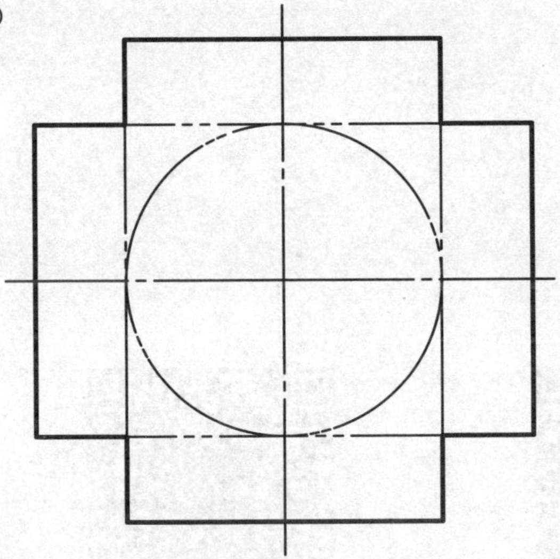

（2）

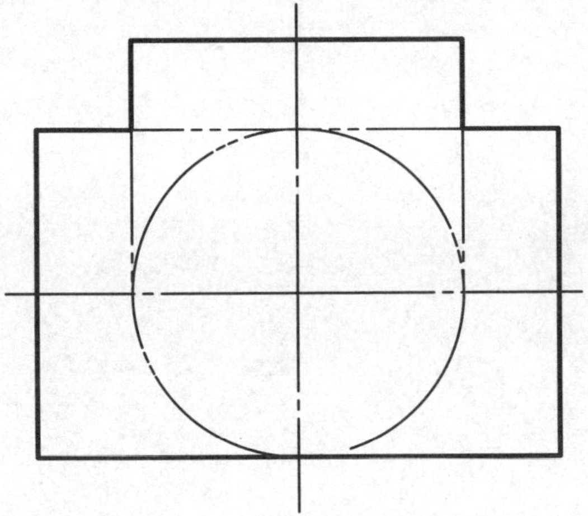

3-25. 求作同轴回转体相贯线的投影。

（1）

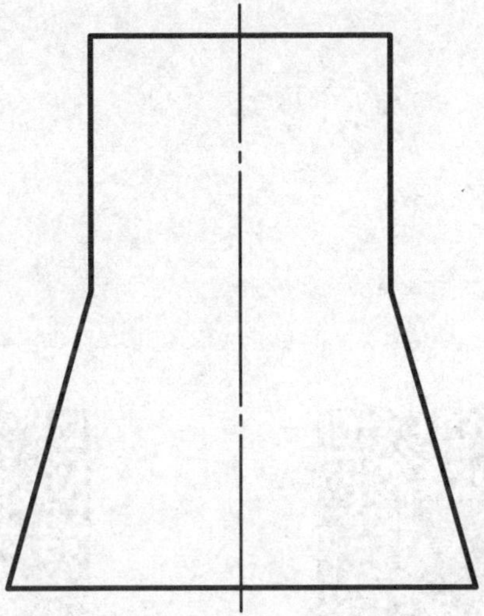

（2）

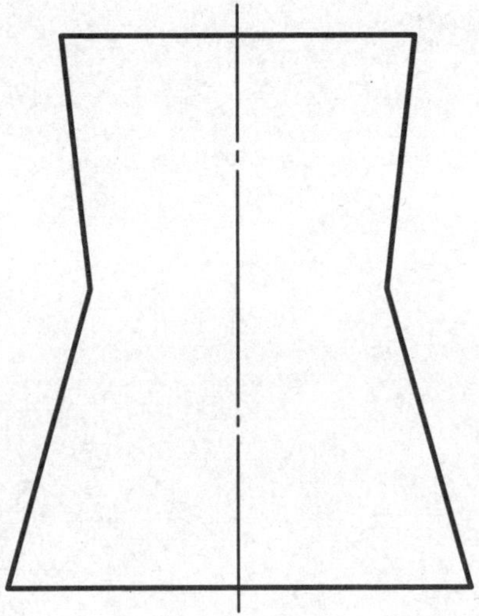

## 模型二维码

3-24（1）

3-24（2）

3-25（1）

3-25（2）

3-26. 求作圆柱体、圆锥体与圆球体相贯线的投影。

（1）

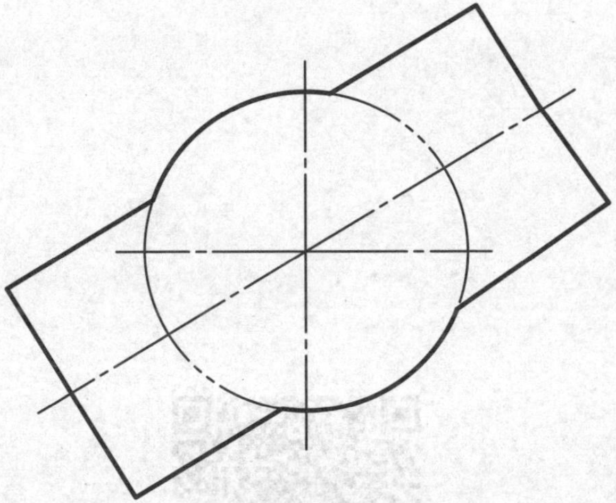

（2）

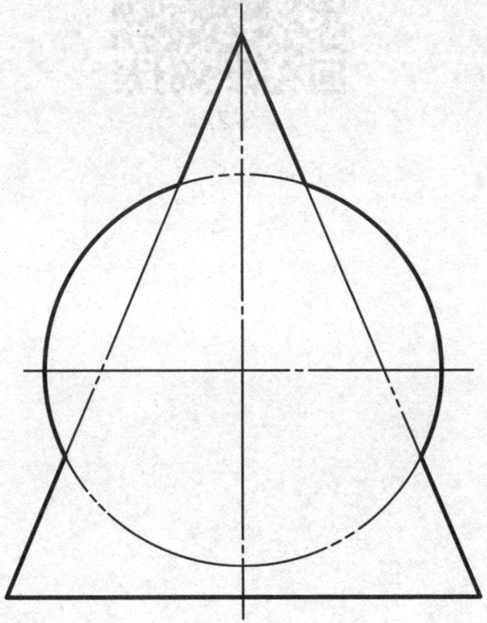

3-27. 求相贯线的正面投影。

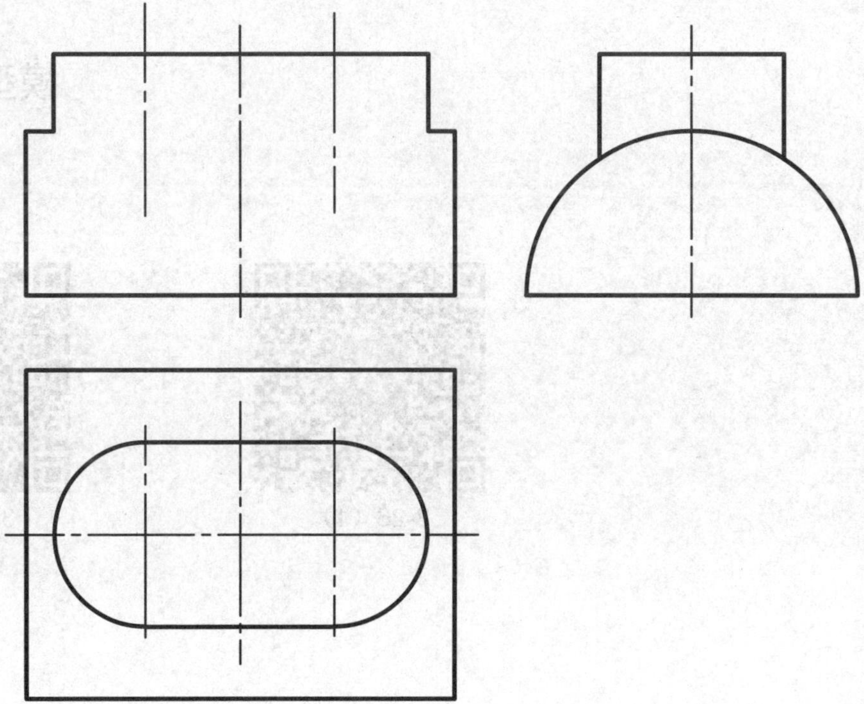

## 模型二维码

3-26（1）

3-26（2）

3-27

3-28. 补画视图中的相贯线。

（1）

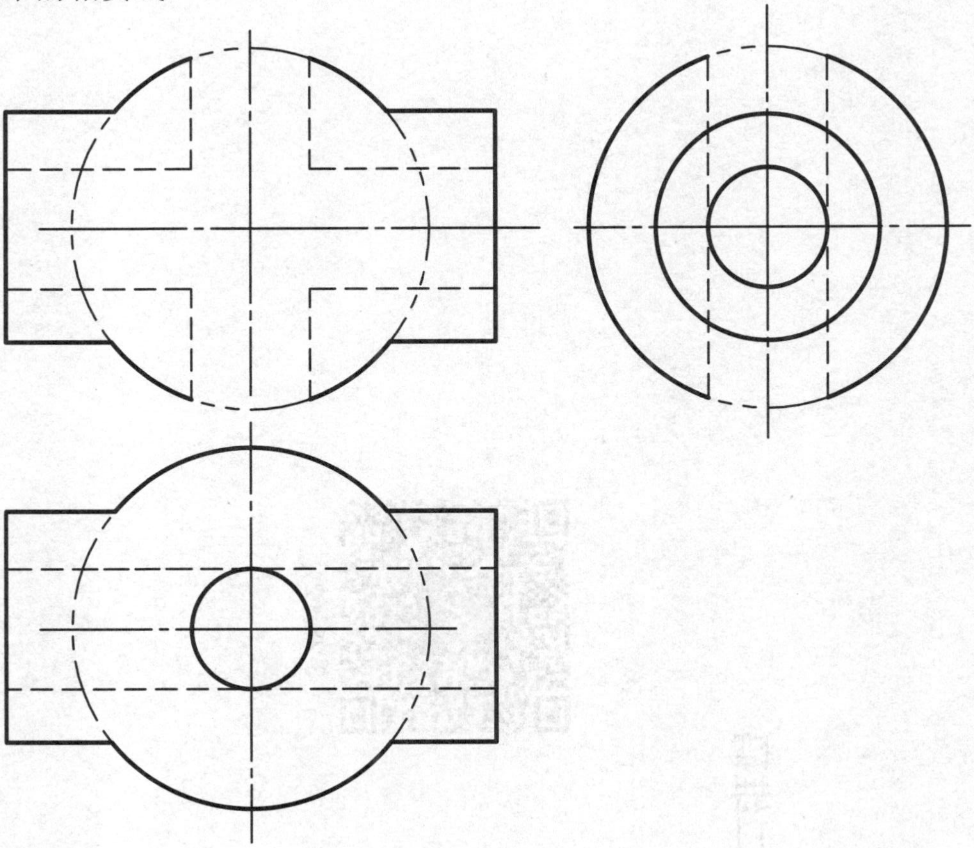

（2）

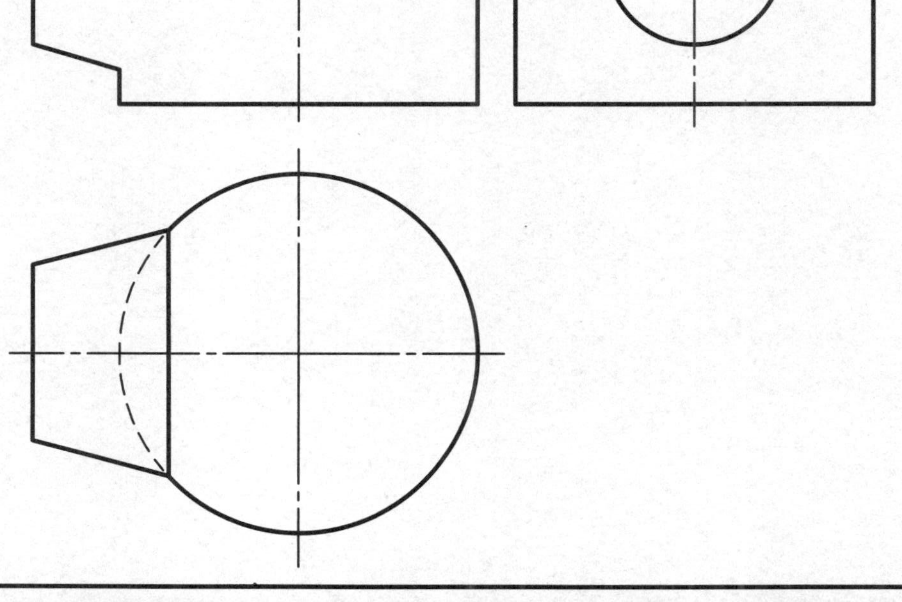

# 模型二维码

3-28（1）

3-28（2）

4-1. 找出下列各组视图所对应的轴测图，并将其编号填写在该组视图旁的圆圈内。

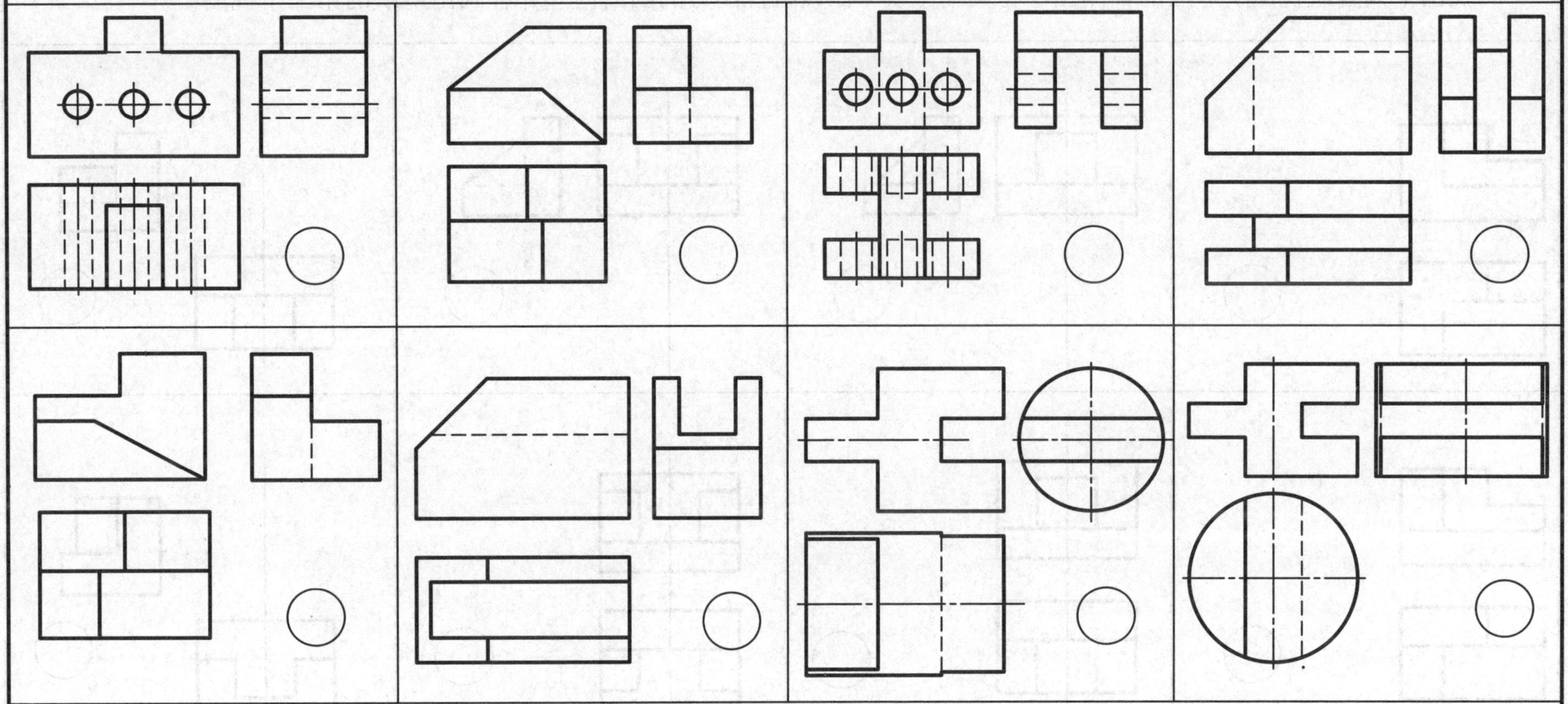

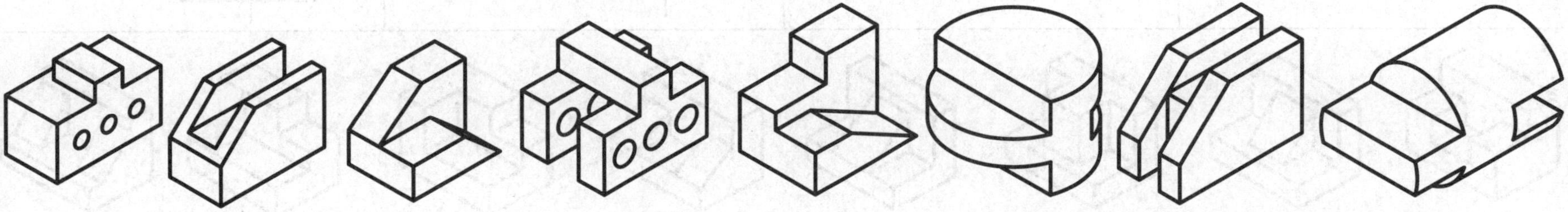

① ② ③ ④ ⑤ ⑥ ⑦ ⑧

4-2. 找出下列各组视图所对应的轴测图，将其编号填写在该组视图旁的圆圈内，并补画出所缺的第三个视图。

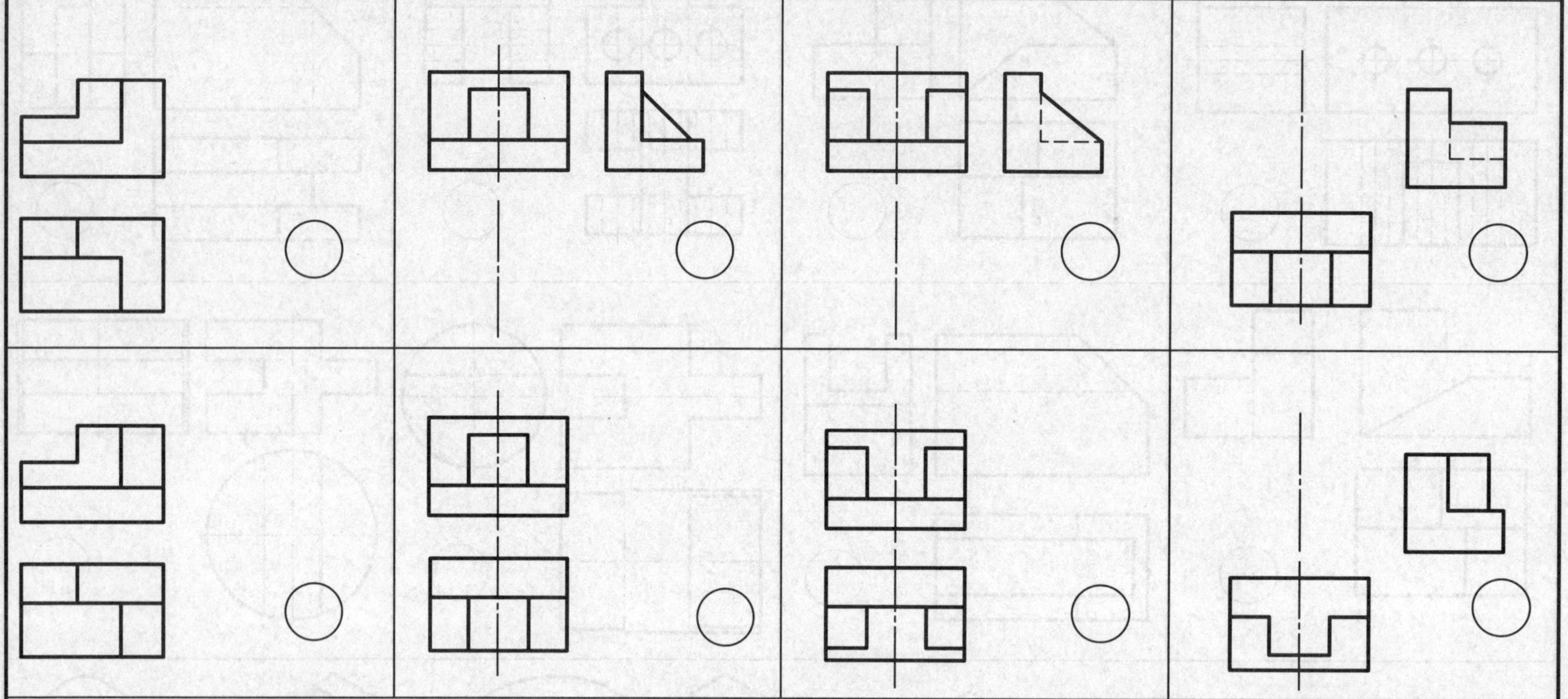

① ② ③ ④ ⑤ ⑥ ⑦ ⑧

4-3. 按指定的分解方式，先补画基本体 *I*、*II*、*III* 的第三视图，再补全组合体的俯视图。

*I*

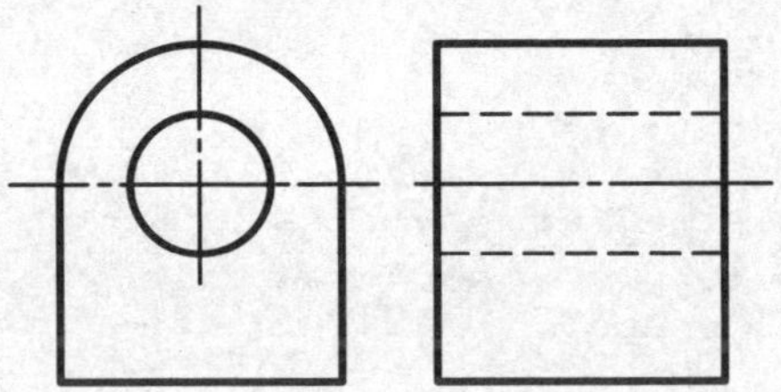

*II*

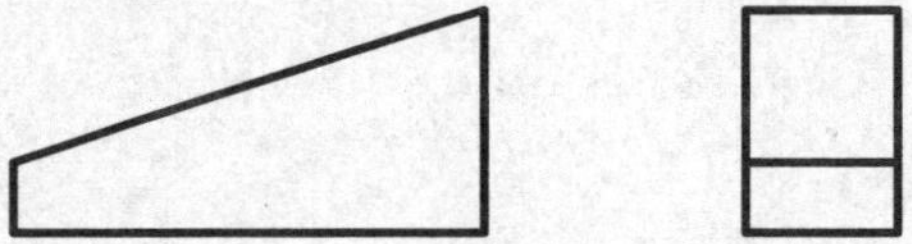

*III*

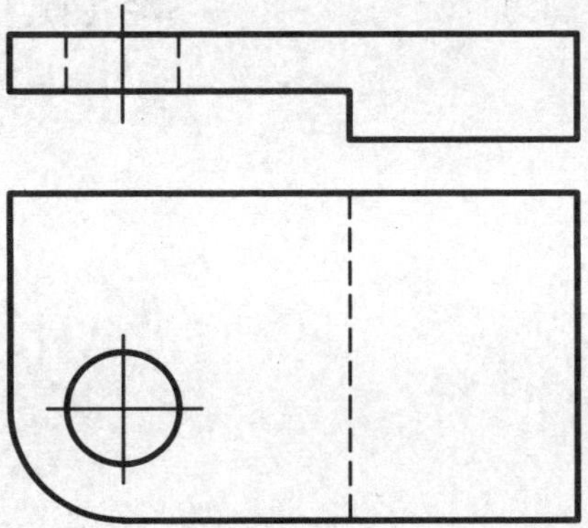

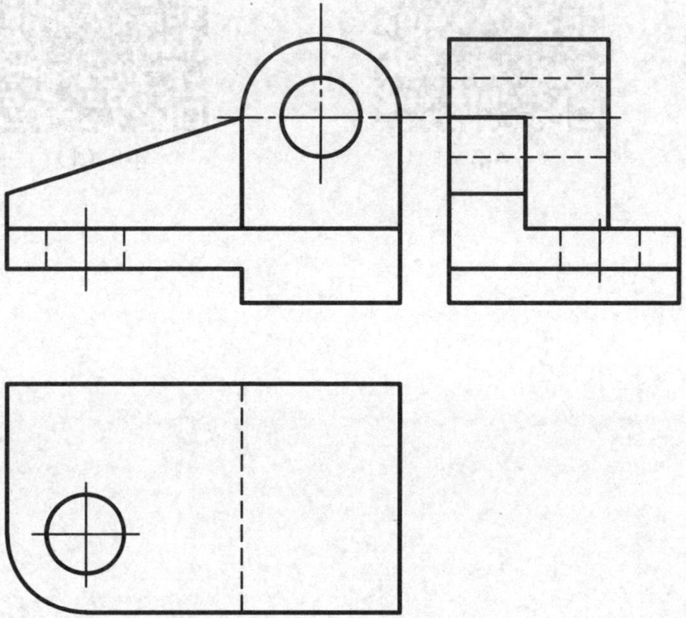

# 模型二维码

4-3

4-3（1）

4-3（2）

4-3（3）

4-4. 按指定的分解方式，先补画基本体 *I*、*II*、*III* 的左视图，再补全组合体主、左视图中所缺线条。

*I*

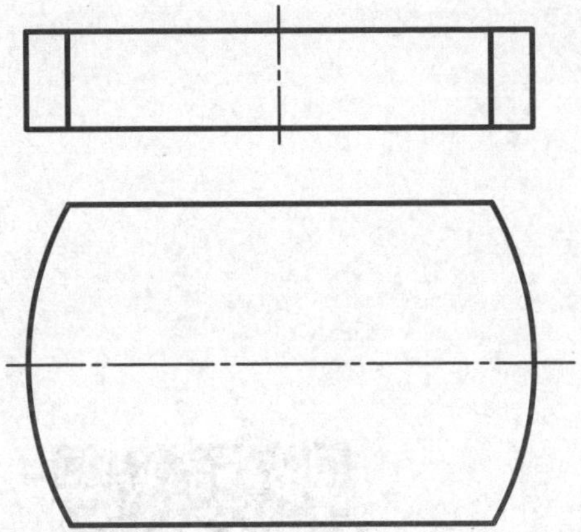

*II*

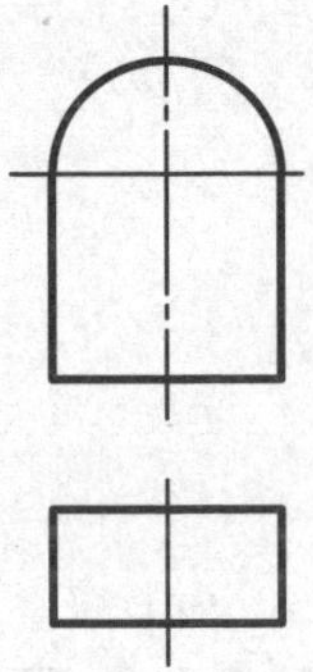

*III*

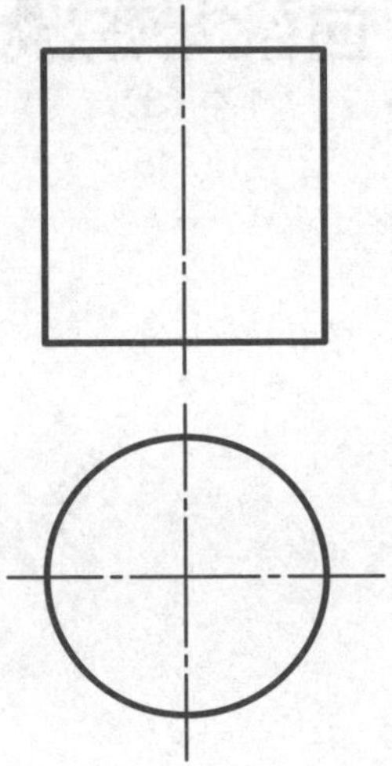

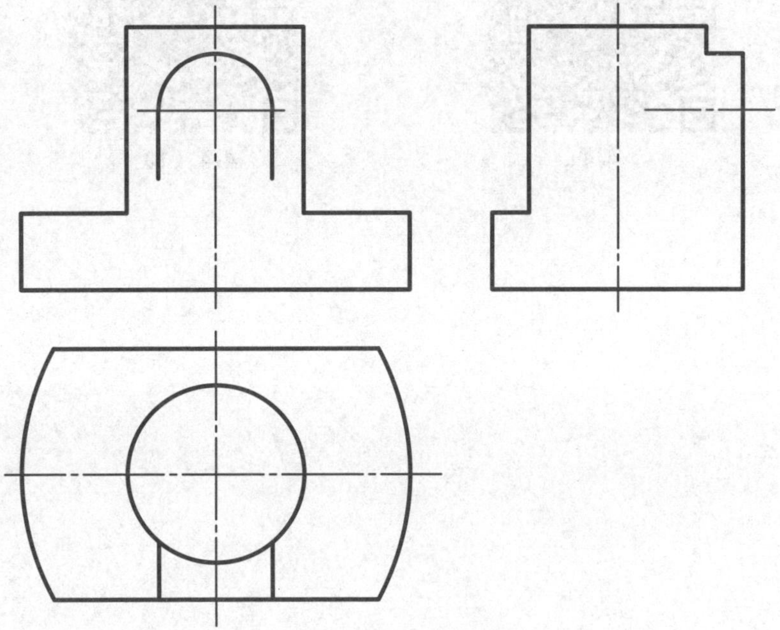

# 模型二维码

4-4

4-4（1）

4-4（2）

4-4（3）

4-5. 补画主视图中所缺线条。

（1）

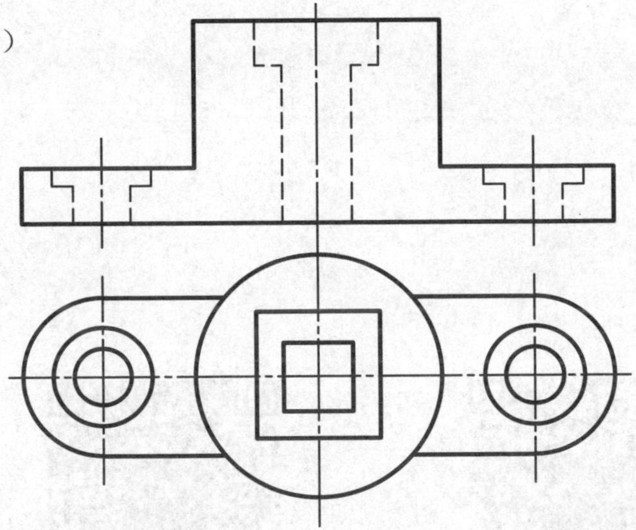

（2）

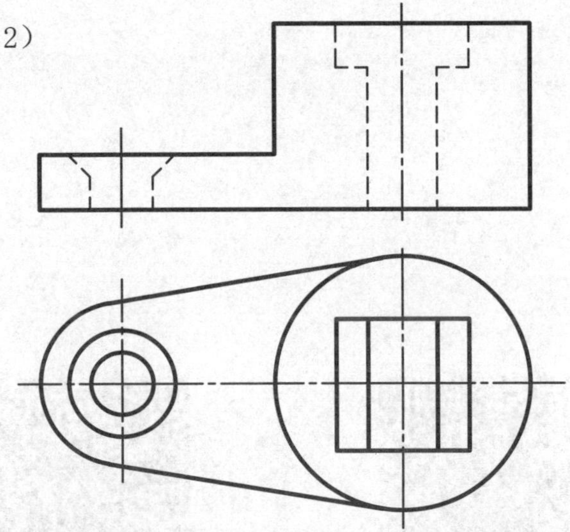

（3）

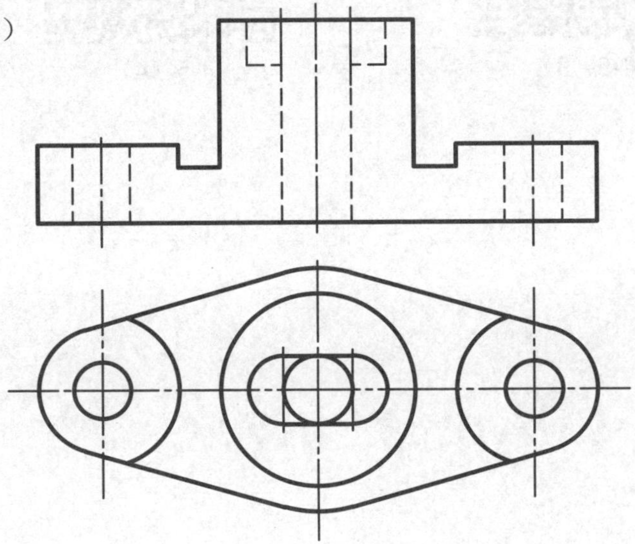

（4）

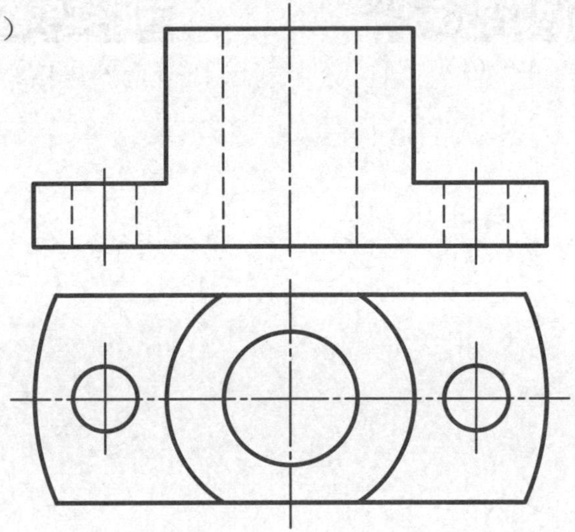

模型二维码

4-5（1）

4-5（2）

4-5（3）

4-5（4）

4-6. 补画视图中所缺线条。

（1）

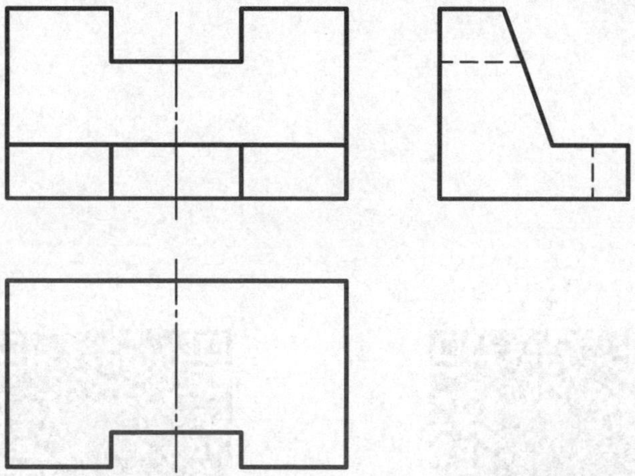

（2）

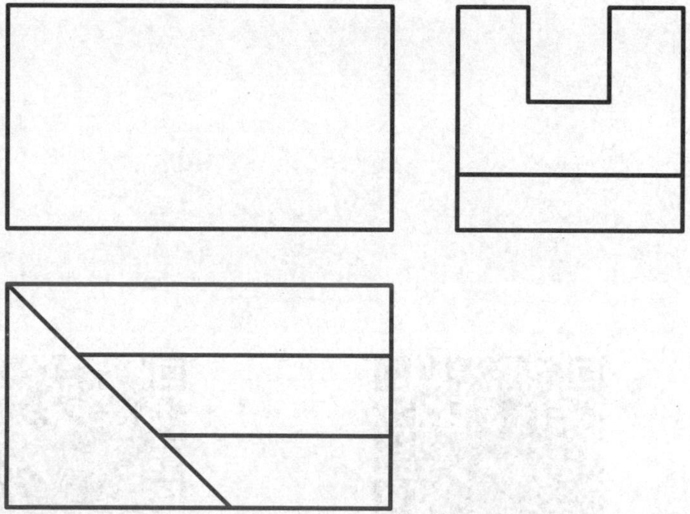

（3）

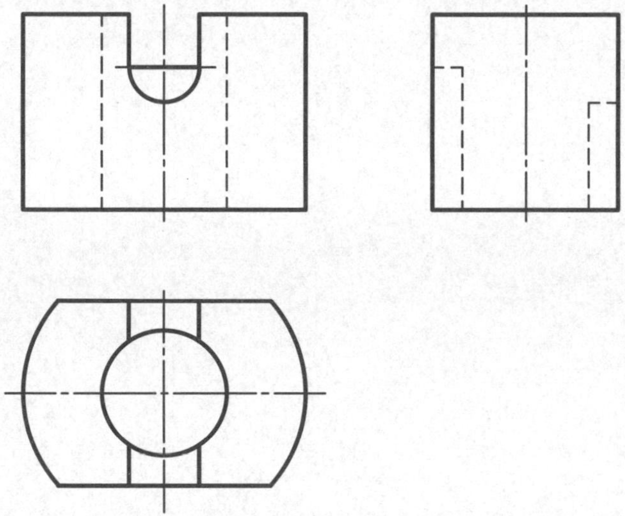

（4）

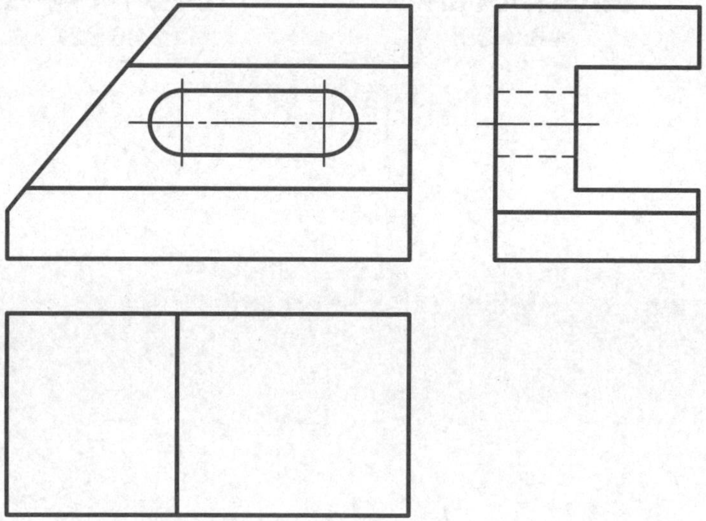

## 模型二维码

4-6（1）

4-6（2）

4-6（3）

4-6（4）

4-7. 徒手绘制所给组合体的三视图（一）。

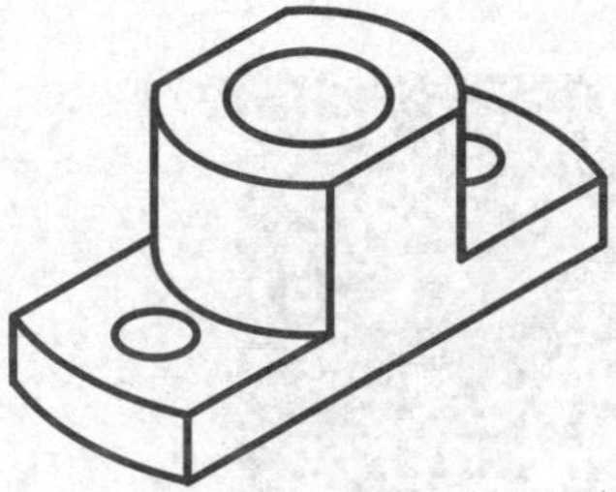

（1）

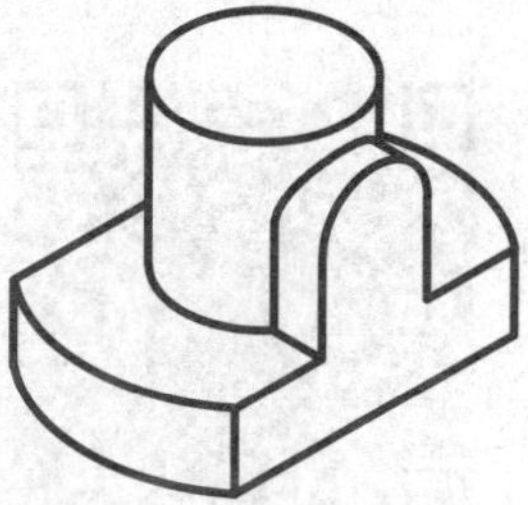

（2）

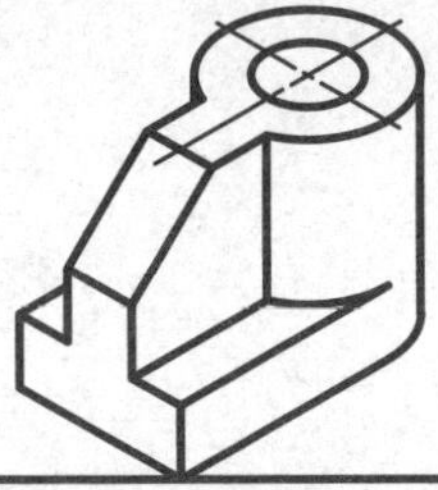

（3）

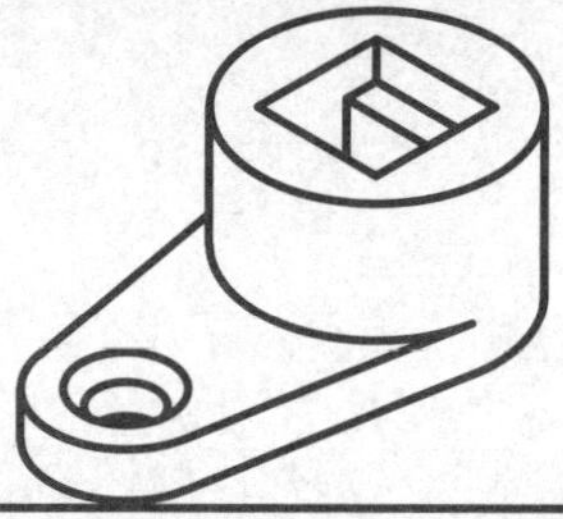

（4）

# 模型二维码

4-7（1）

4-7（2）

4-7（3）

4-7（4）

4-8. 徒手绘制所给组合体的三视图（二）。

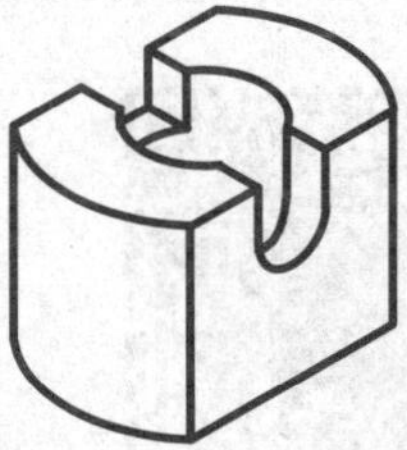

（1）

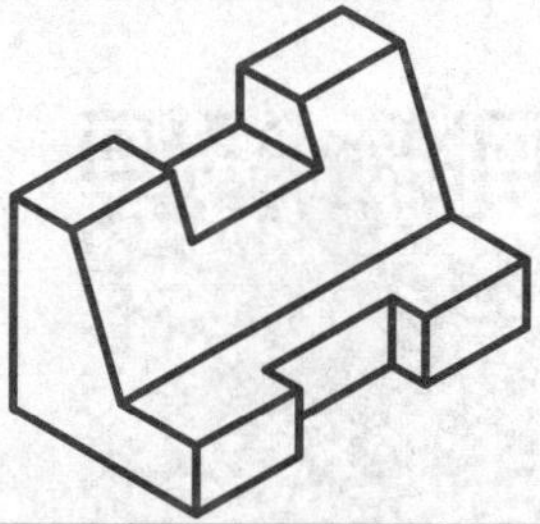

（2）

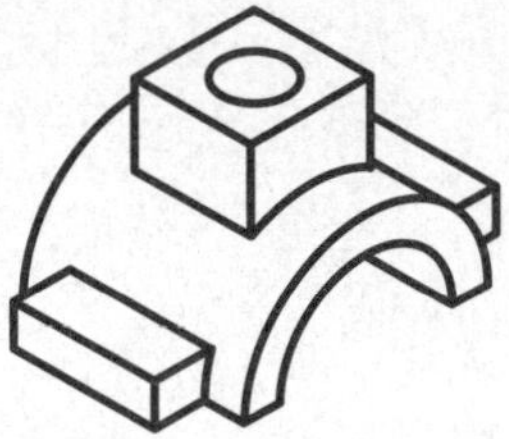

（3）

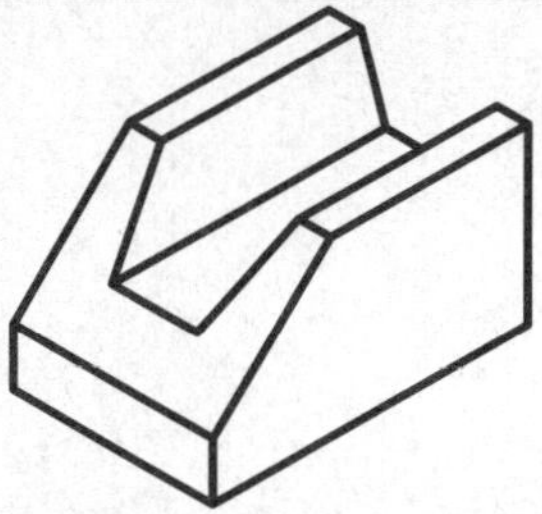

（4）

## 模型二维码

4-8（1）

4-8（2）

4-8（3）

4-8（4）

4-9. 标注组合体尺寸（尺寸数值按1:1从图中量取）。

（1）

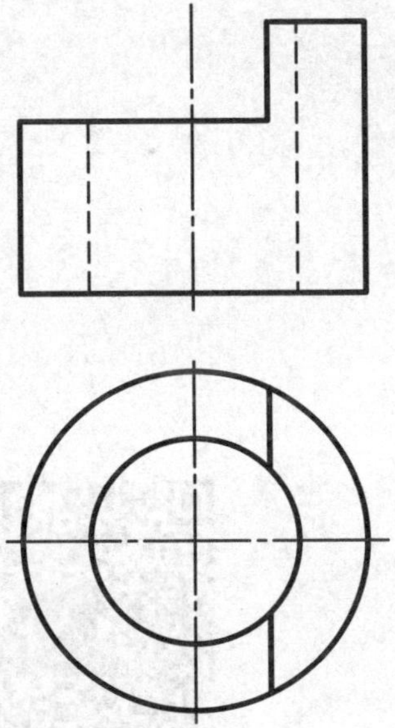

（2）

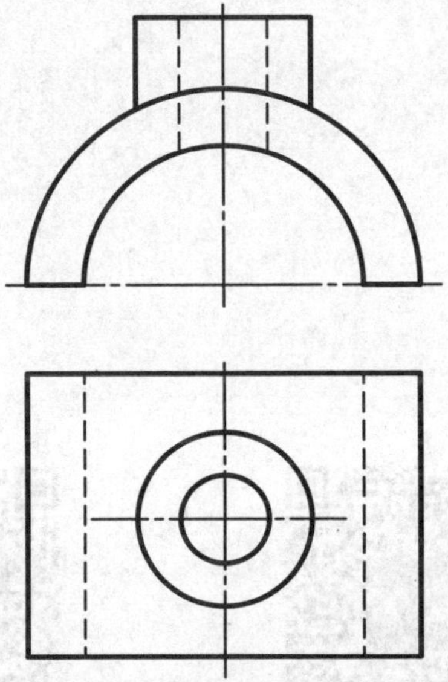

（3）

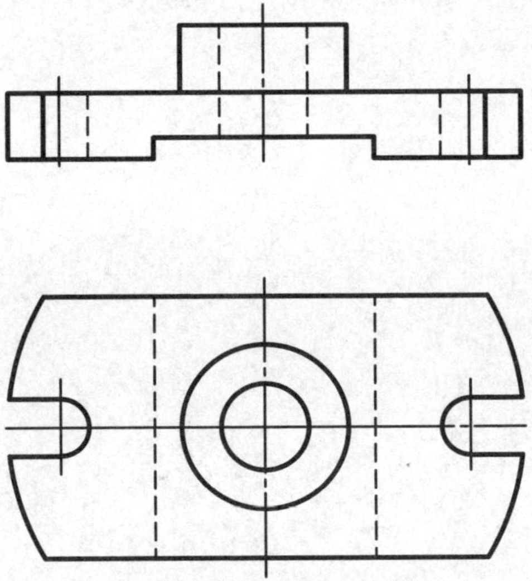

（4）

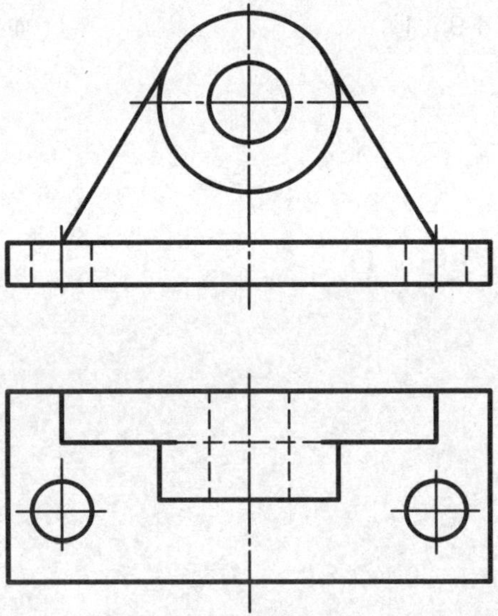

# 模型二维码

4-9（1）

4-9（2）

4-9（3）

4-9（4）

4-10. 标注组合体尺寸（尺寸数值按1:1从图中量取）。

（1）

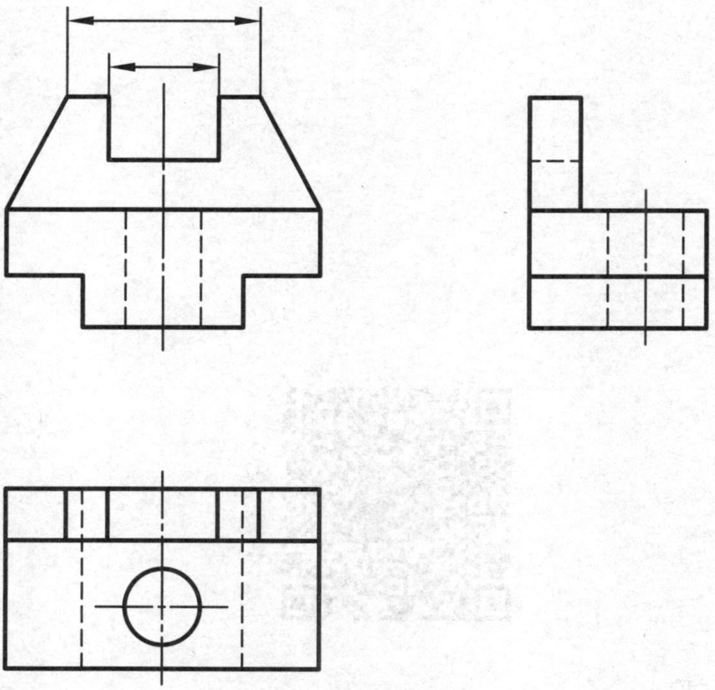

（2）

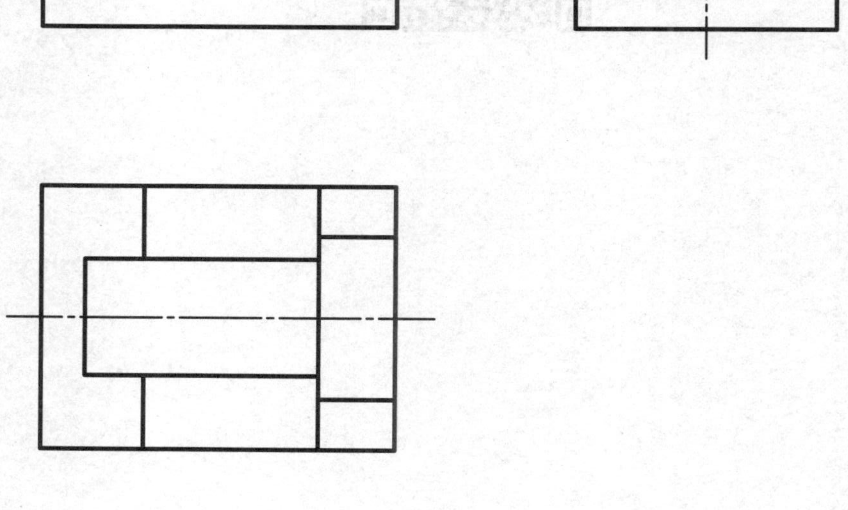

模型二维码

4-10（1）

4-10（2）

4-11.第二次大作业——根据立体图或模型在A3图纸上画出组合体的三视图，并标注尺寸（立体图或模型由教师指定，立体图中的孔均为通孔）。

## 一、内容与要求

（1）内容：运用形体分析的方法，根据轴测图（或模型）绘制组合体的三视图，并注尺寸。本作业共3个分题，按需要完成其中1～2个分题。
（2）要求：尺寸完整表达组合体的内外形体。标注尺寸应完整，并符合国家标准。

## 二、图名、图幅、比例

（1）图名：组合体。
（2）图幅：A3。
（3）比例：由各分题确定。

## 三、绘图步骤及注意事项

（1）对所绘组合体进行形体分析，选择主视图，画出基准线布置三个视图的位置（注意视图之间预留标注尺寸的位置）。基准线为各视图的对称线、主要平面或回转体轴线的位置线。
（2）逐步画出组合体各部分的三视图。
（3）标注尺寸时应注意不要照搬轴测图上的尺寸注法，应重新考虑尺寸的配置，以尺寸标注符合标准、配置适当为原则。
（4）完成底稿后，经仔细校核后加深。
（5）图面质量的要求同第一次制图作业。

（1）

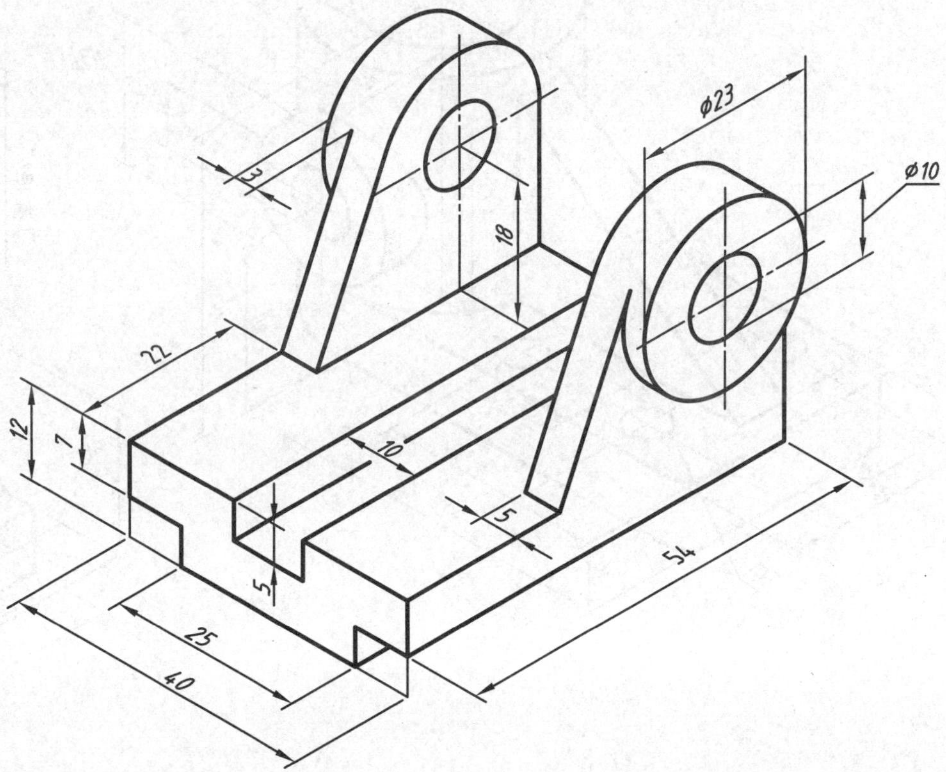

4-11.续

(2)

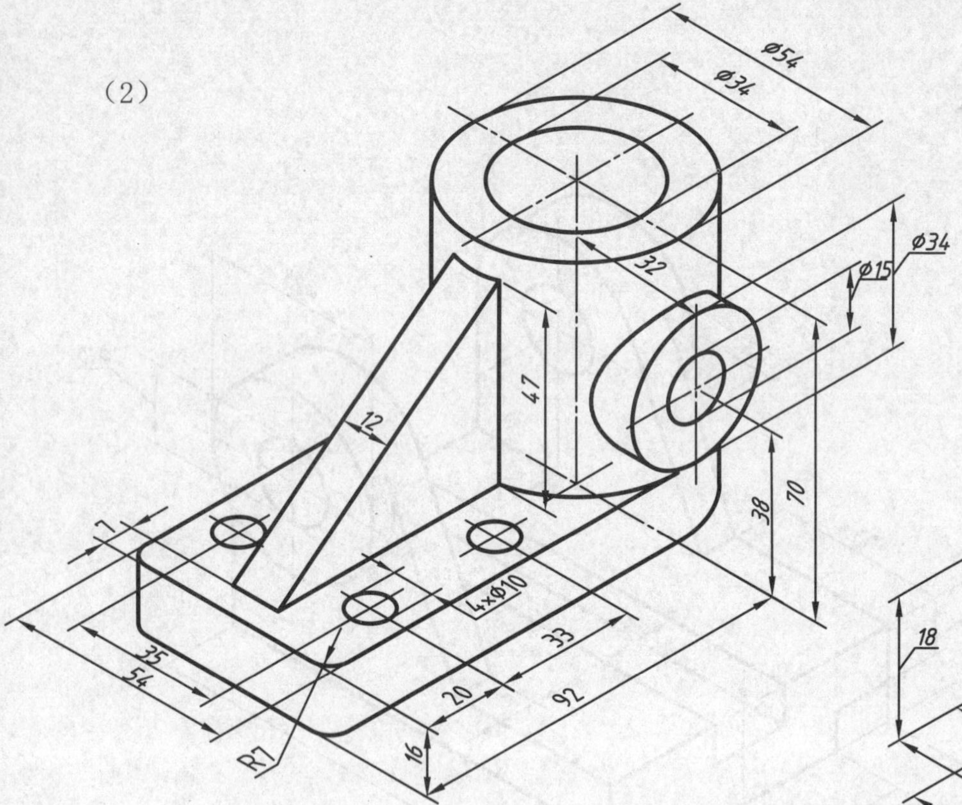
Ø54
Ø34
Ø34
Ø15
32
47
12
7
4×Ø10
33
70
38
35
54
20
92
16
R7

(3)

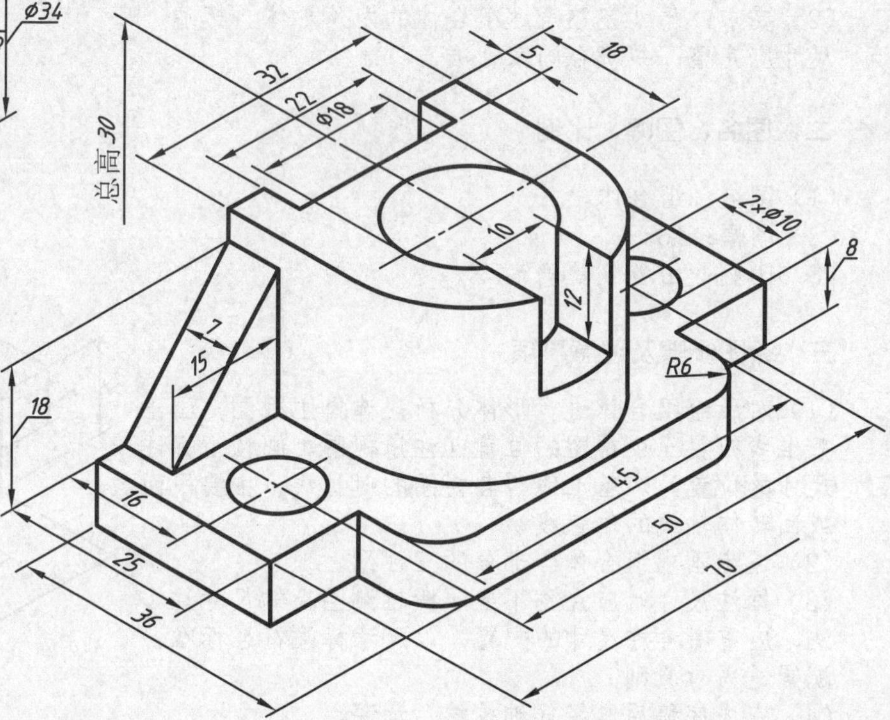
总高 30
32
22
Ø18
5
18
10
2×Ø10
8
12
R6
7
15
18
16
25
36
45
50
70

4-12. 根据已知两视图，补画第三视图，并比较组合体形状。

（1）

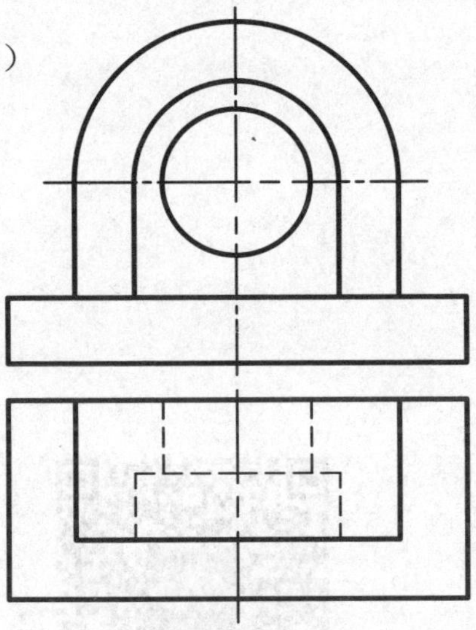

（2）

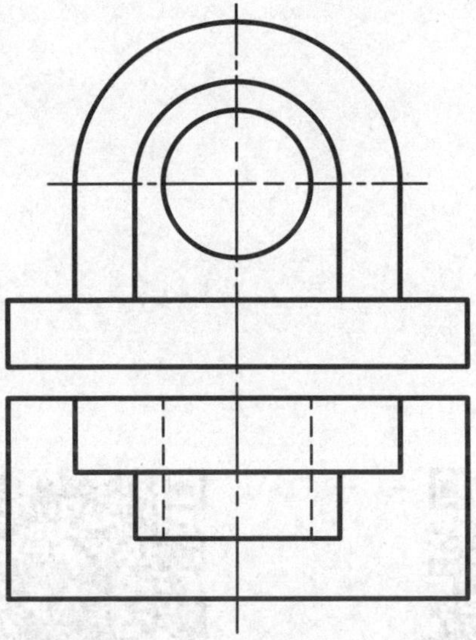

（3）

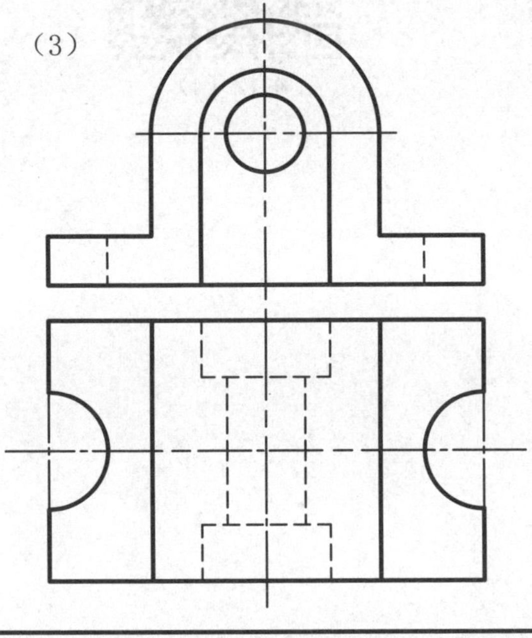

（4）

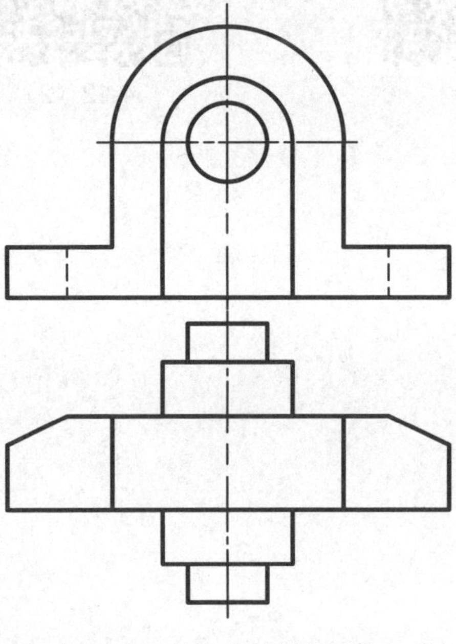

# 模型二维码

4-12（1）

4-12（2）

4-12（3）

4-12（4）

4-13. 根据已知两视图，补画第三视图，并比较组合体形状。

（1）

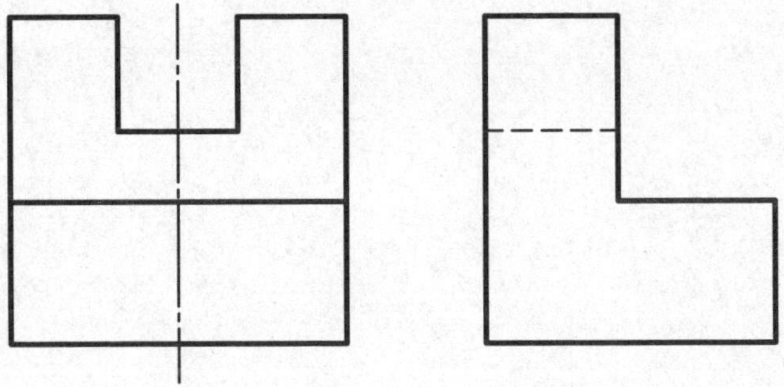

（2）

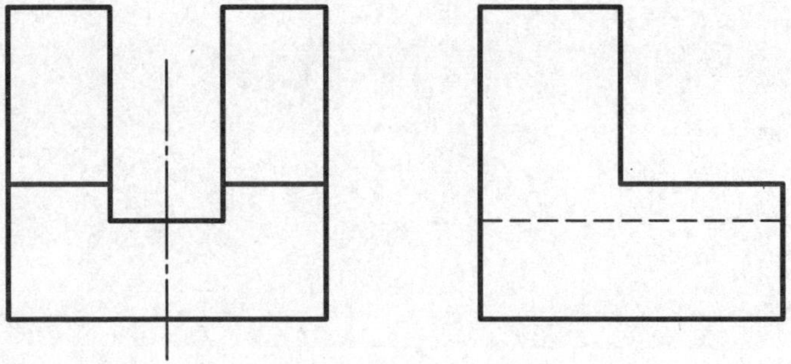

（3）

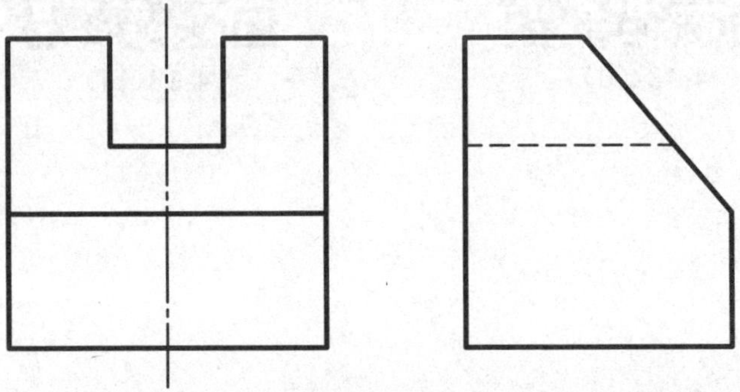

（4）

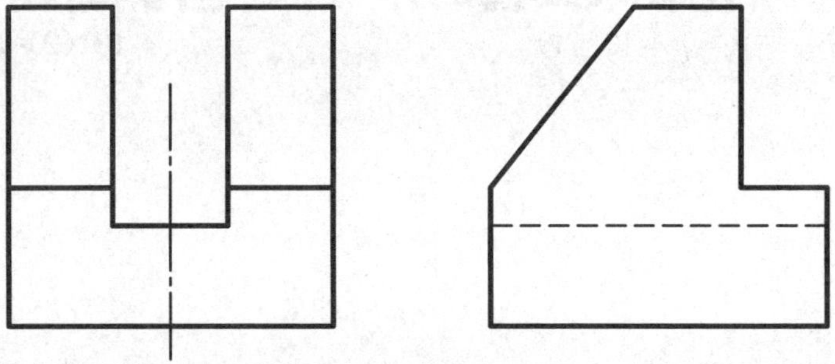

# 模型二维码

4-13（1）

4-13（2）

4-13（3）

4-13（4）

4-14. 根据组合体的两视图，补画另一视图。

（1）

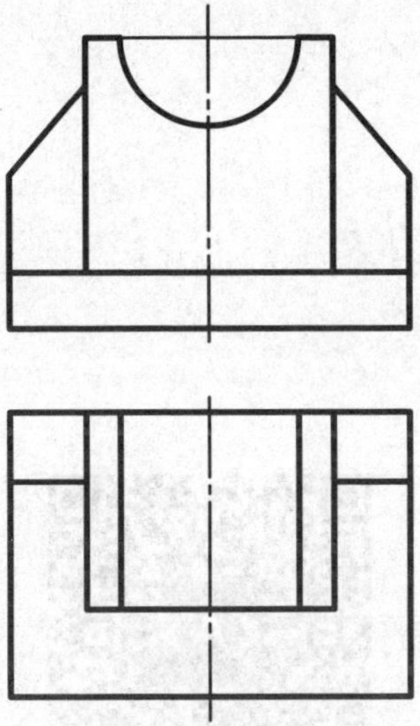

（2）

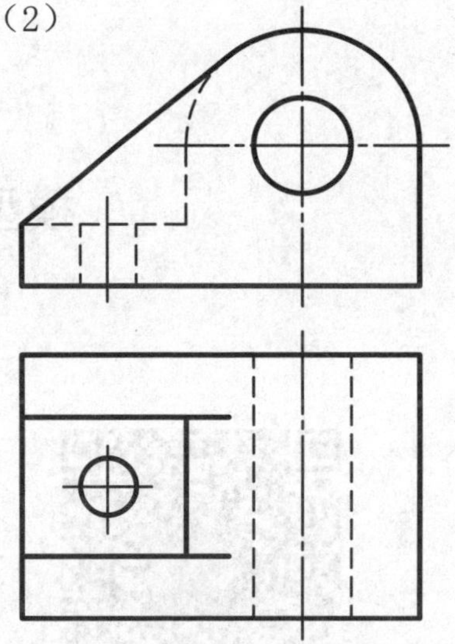

（3）

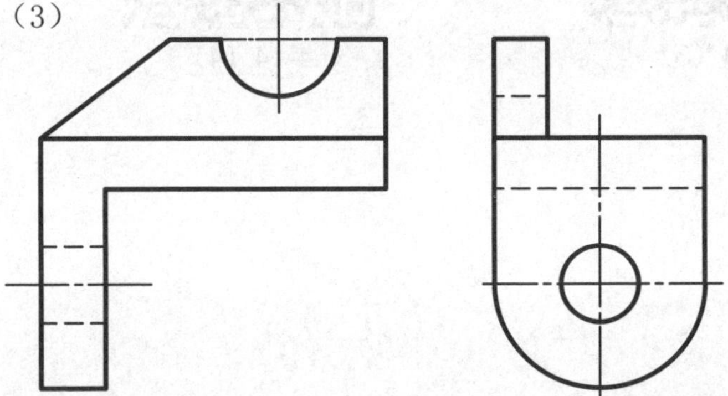

（4）

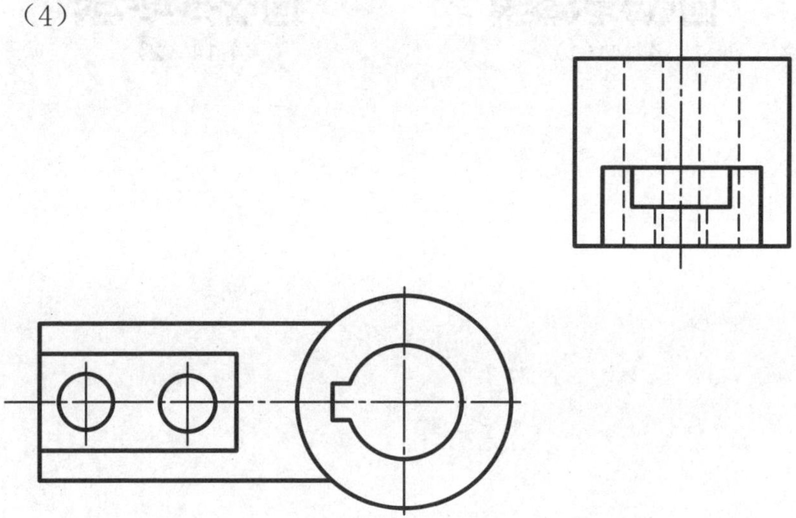

## 模型二维码

4-14（1）

4-14（2）

4-14（3）

4-14（4）

4-15. 根据已知的两视图，补画另一视图。

（1）

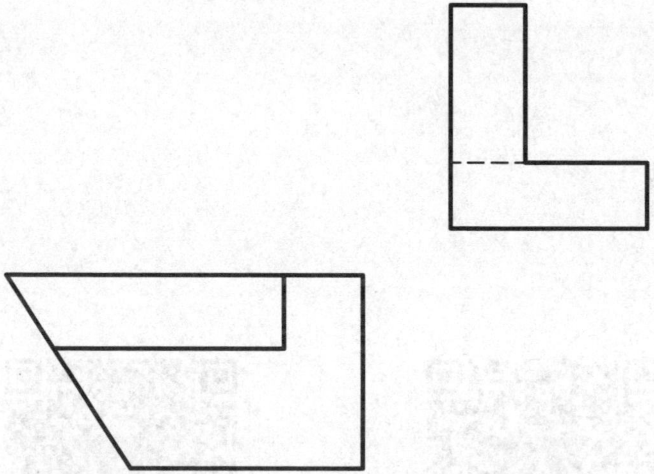

（2）

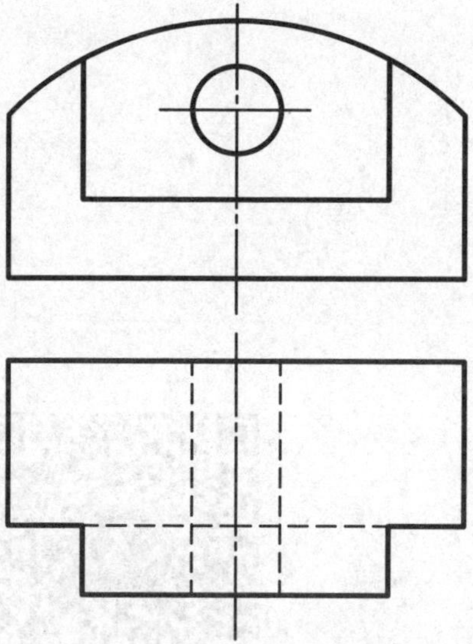

（3）

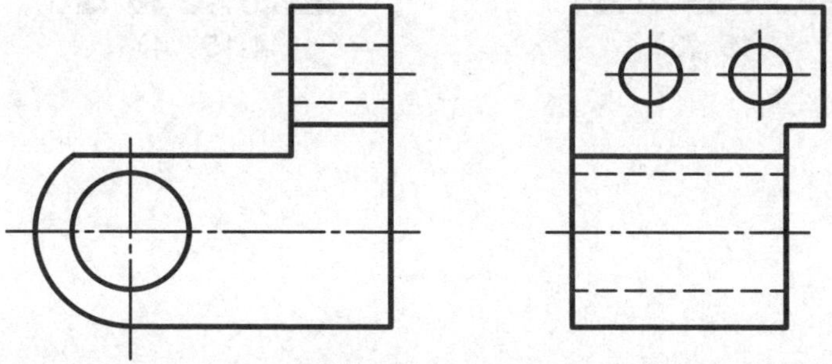

（4）

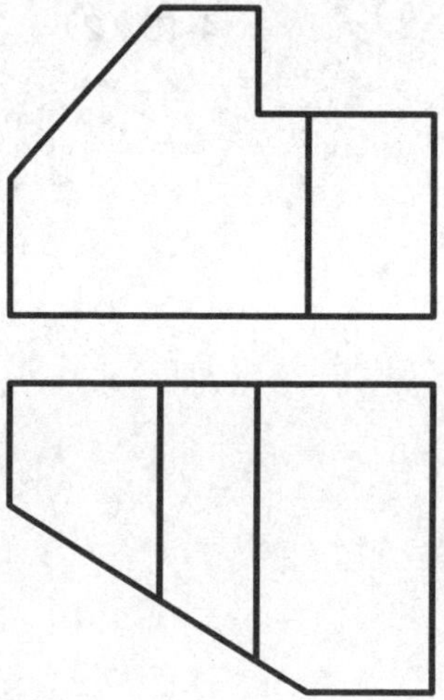

# 模型二维码

4-15（1）

4-15（2）

4-15（3）

4-15（4）

4-16. 根据已知的两视图，补画出另一视图。

（1）

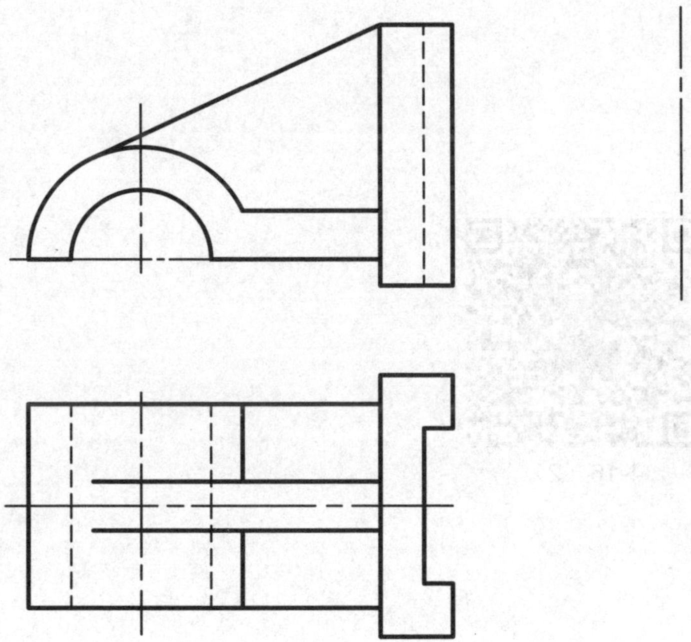

（2）

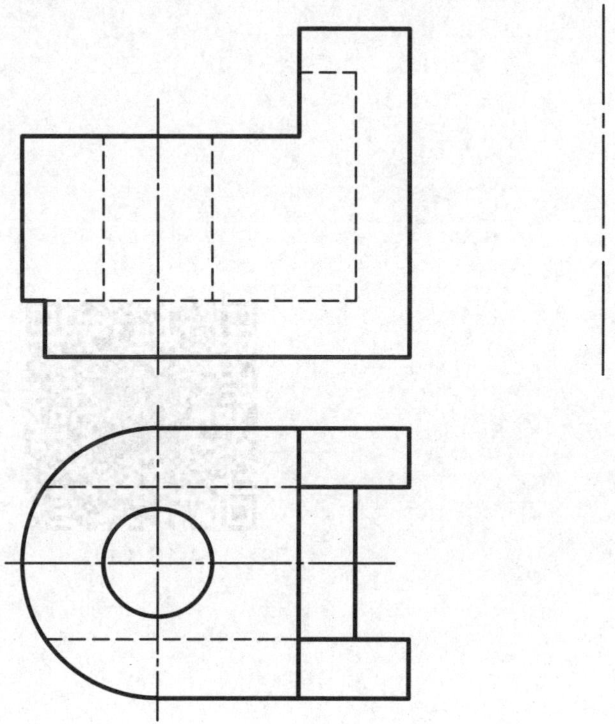

# 模型二维码

4-16（1）

4-16（2）

4-17. 根据已知的两视图，补画出另一视图。

（1）

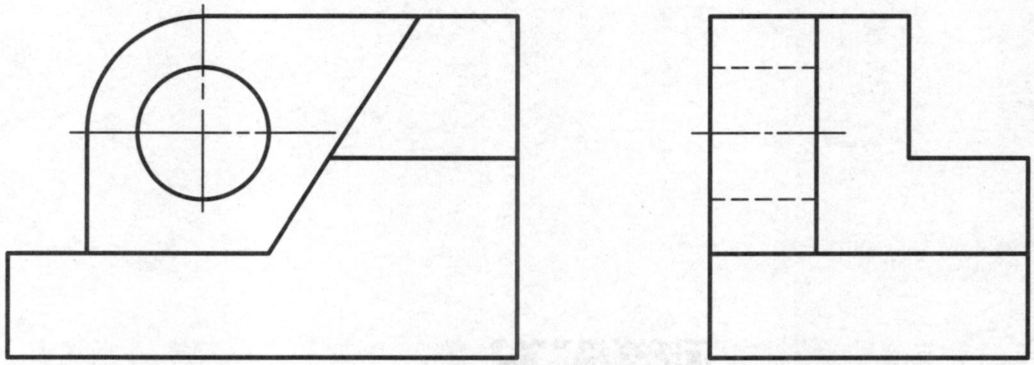

（2）

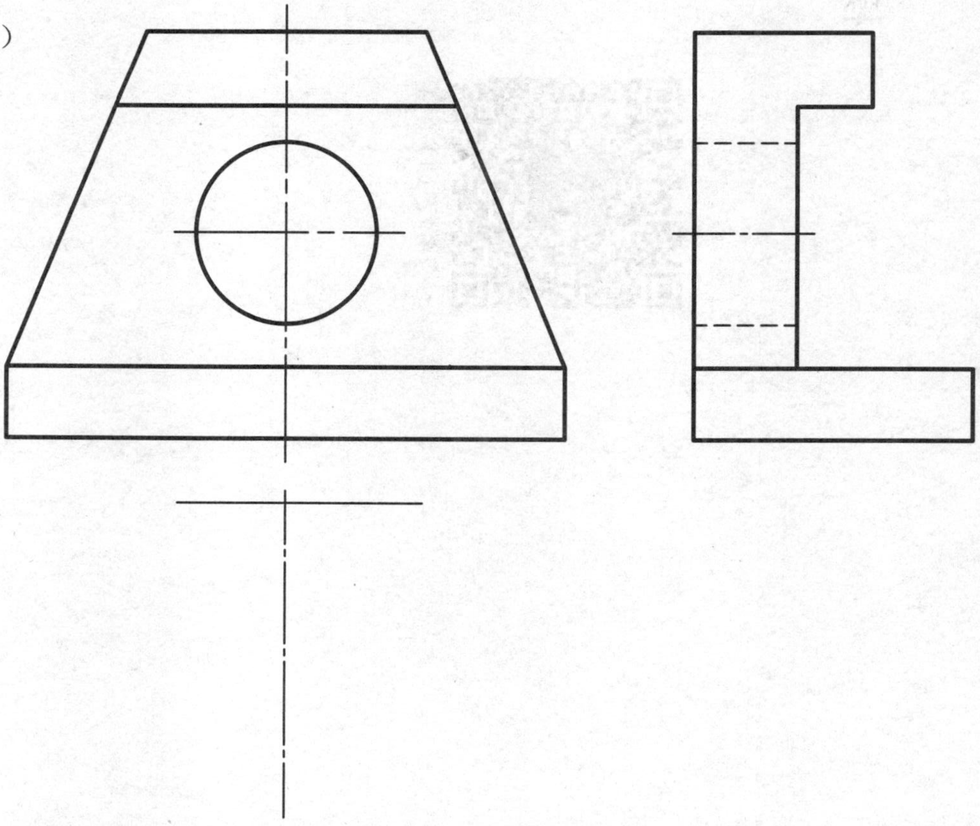

# 模型二维码

4-17（1）

4-17（2）

4-18. 根据组合体的两视图，补画出另一视图。

（1）

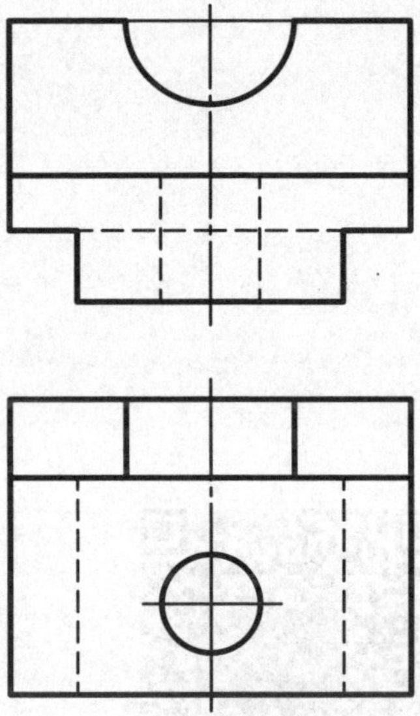

（2）

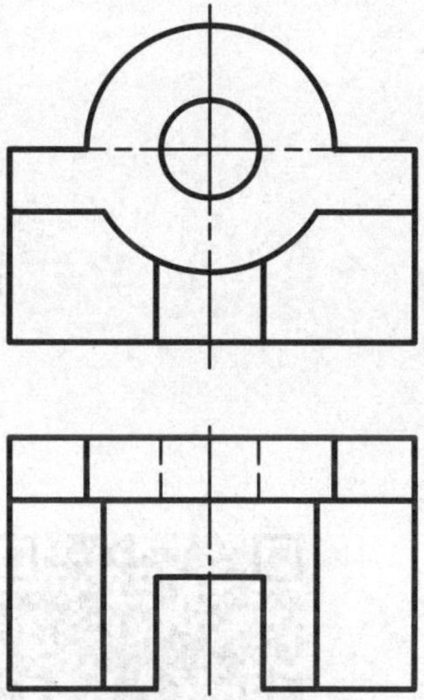

（3）

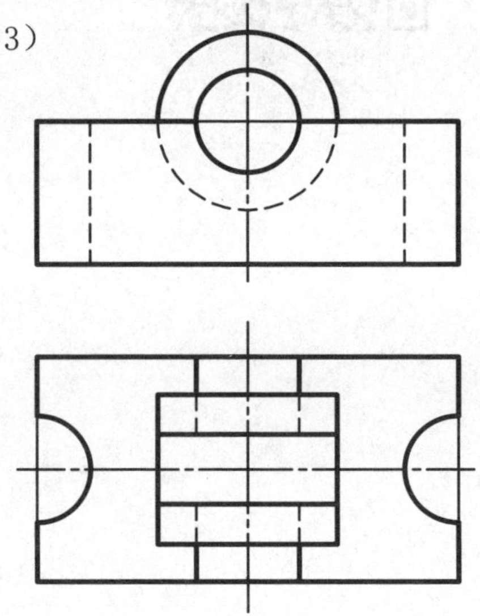

（4）

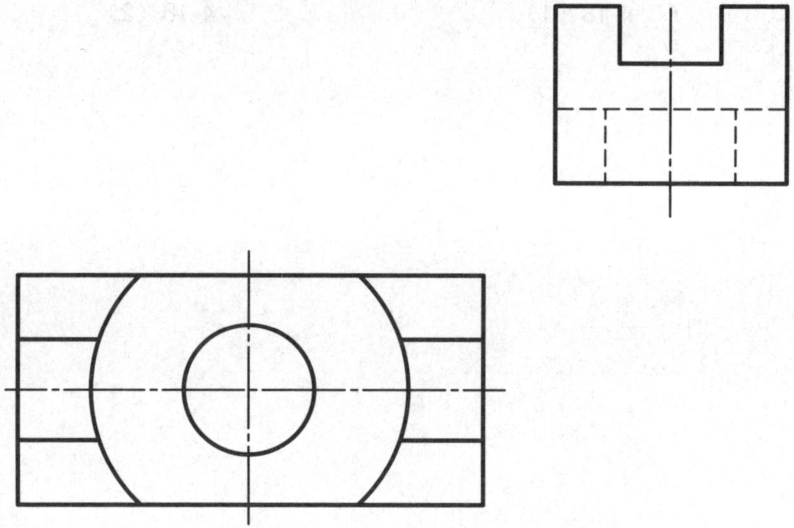

模型二维码

4-18（1）

4-18（2）

4-18（3）

4-18（4）

4-19. 根据组合体的两视图，补画出另一视图。

（1）

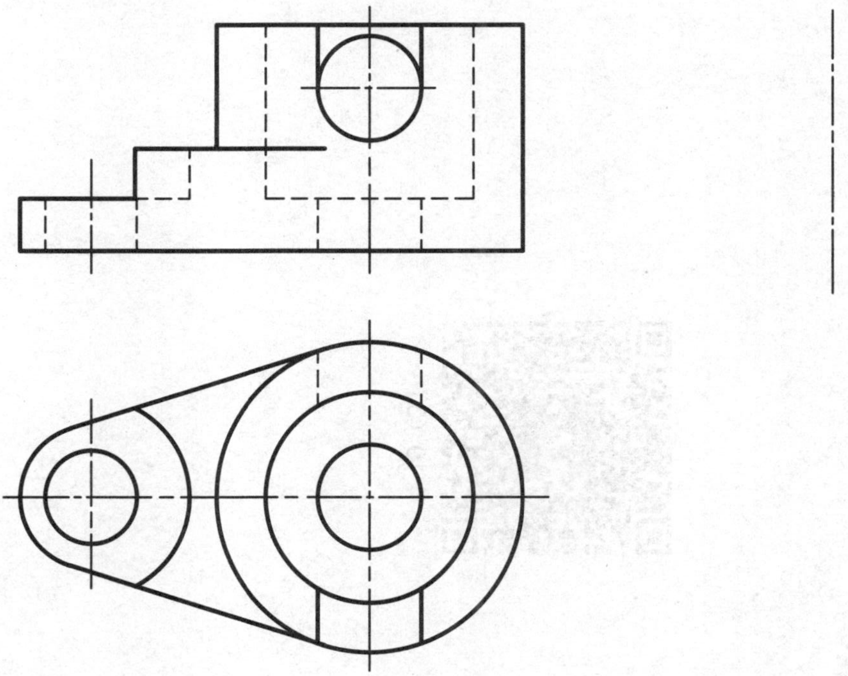

（2）

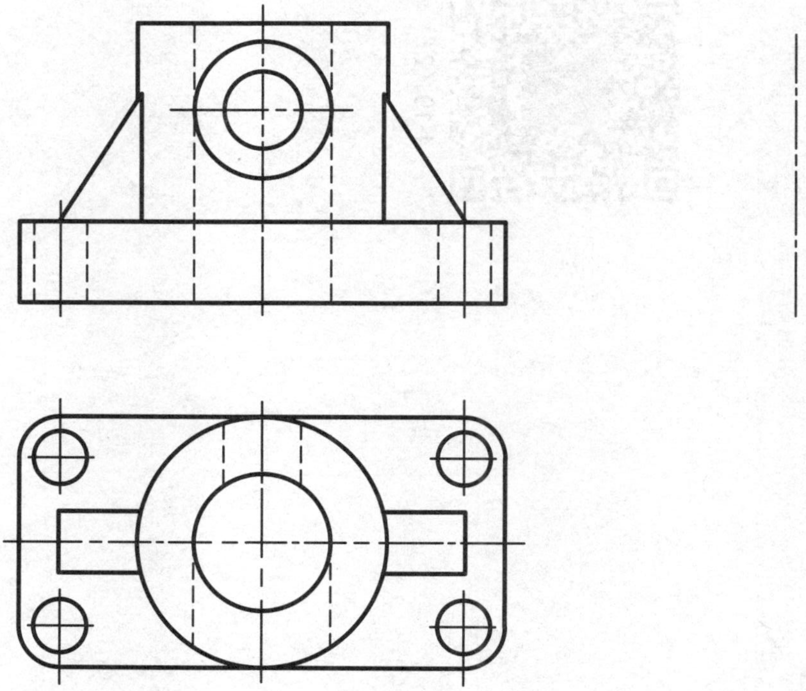

# 模型二维码

4-19（2）

4-19（3）

4-20. 根据组合体的两视图，补画出另一视图，并标注尺寸（尺寸数值按1:1从图中量取并取整）。

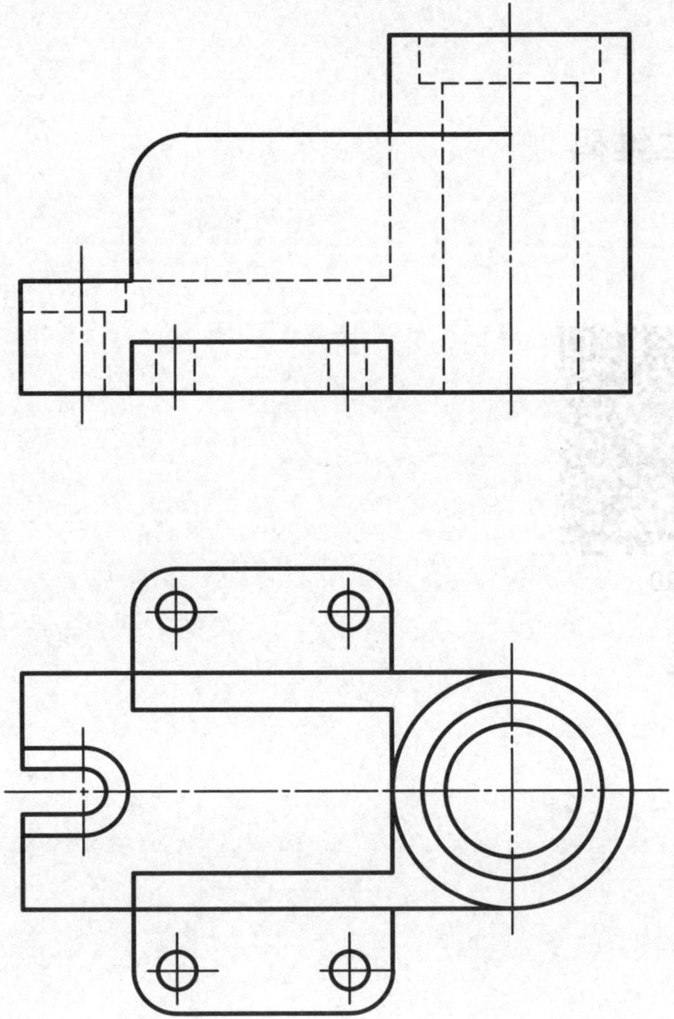

模型二维码

4-20

5-1.画出下面组合体的正等测。

（1）

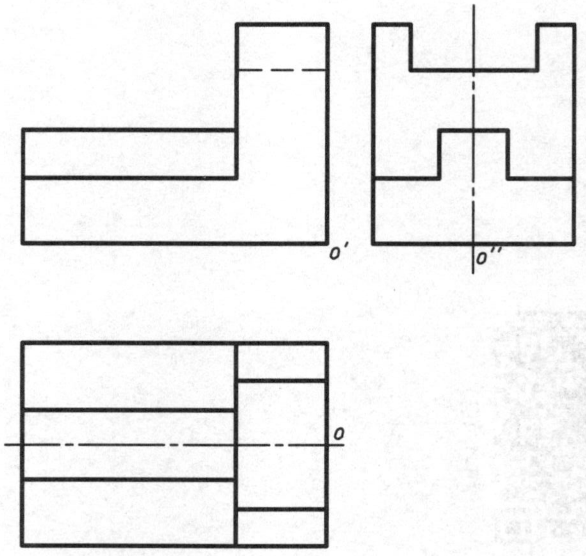

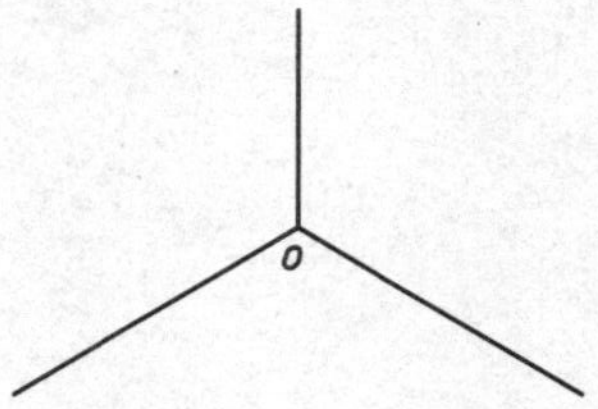

（2）

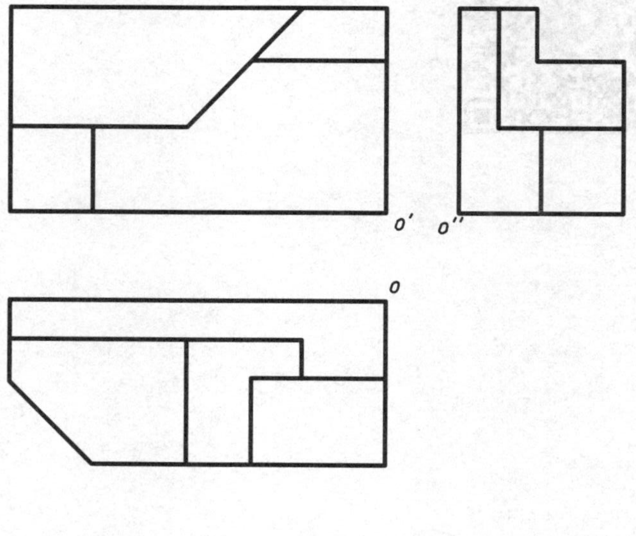

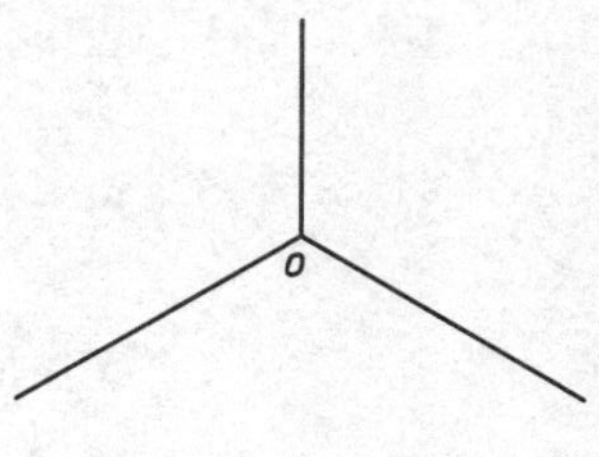

# 模型二维码

5-1（1）

5-1（2）

5-2. 画出下面组合体的正等测。

（1）

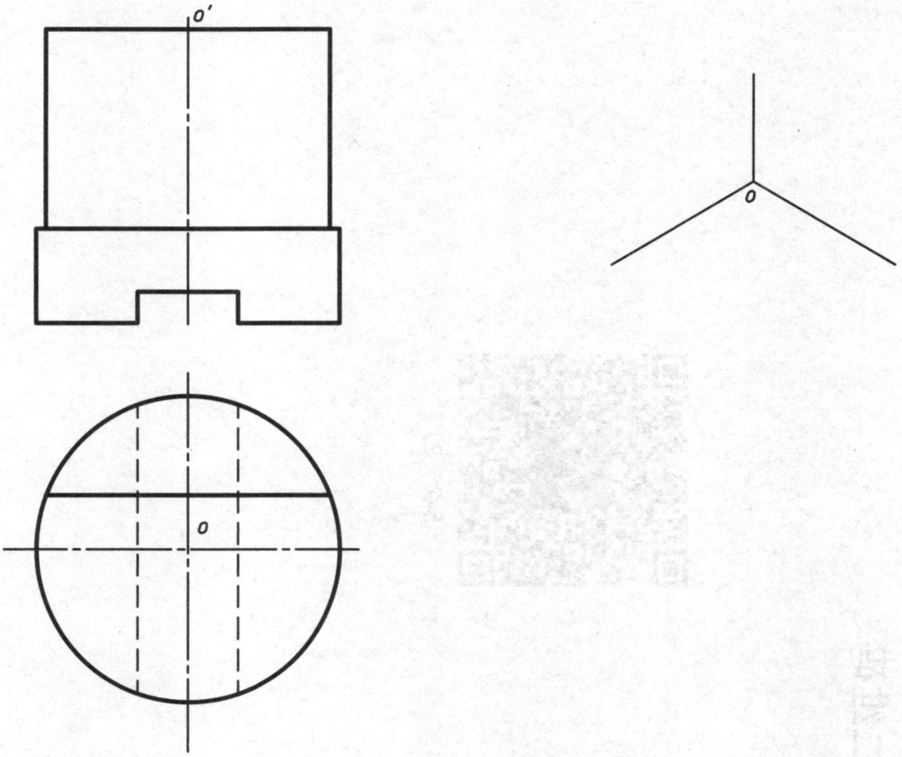


（2）

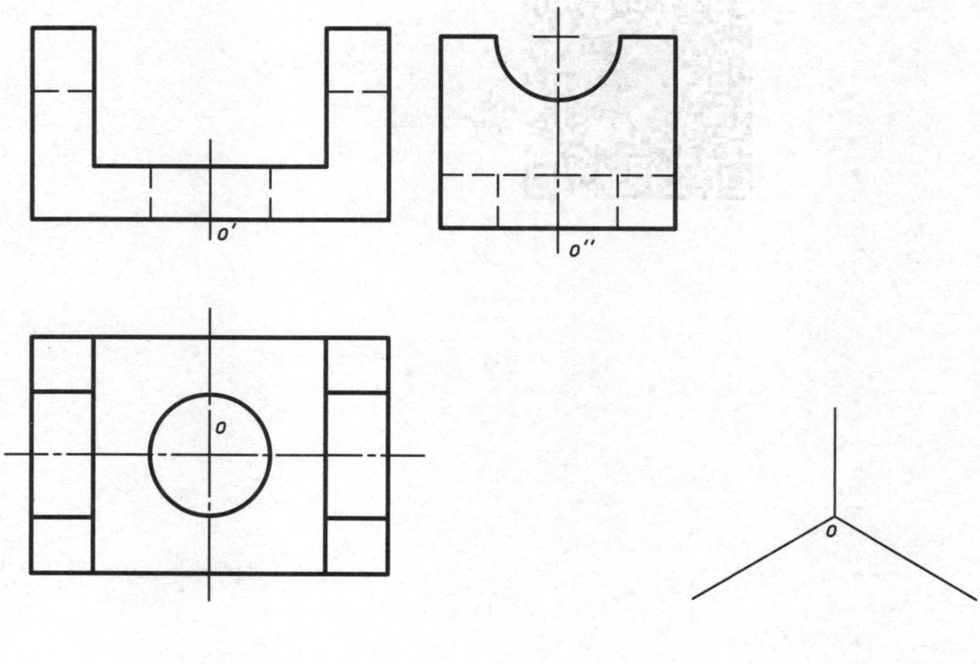

# 模型二维码

5-2（1）

5-2（2）

5-3. 画出下面组合体的正等测。

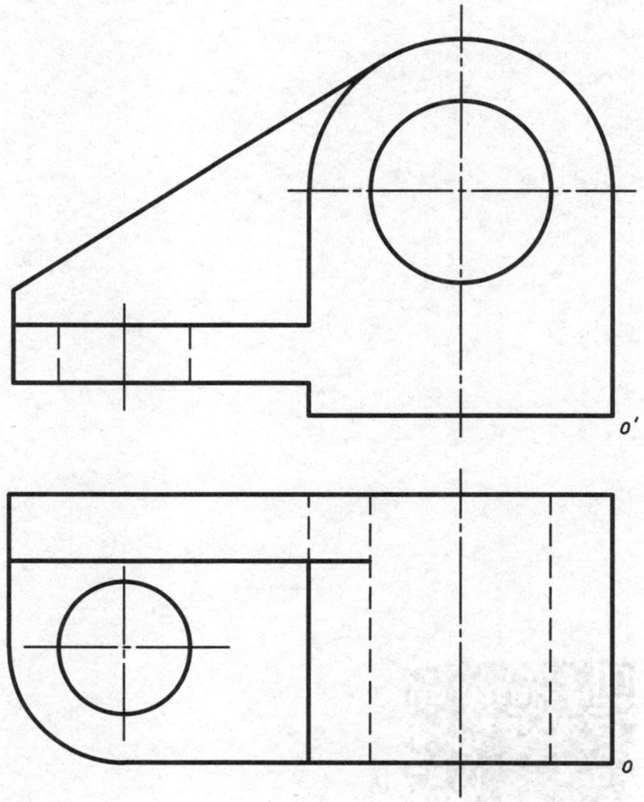


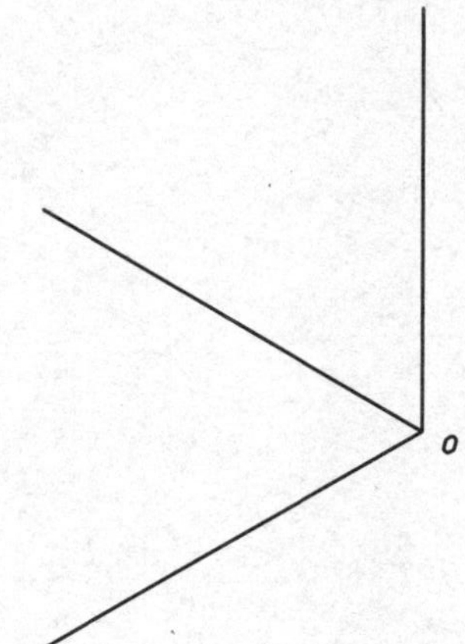

模型二维码

5-3

5-4. 画出下列组合体的斜二测。

(1)

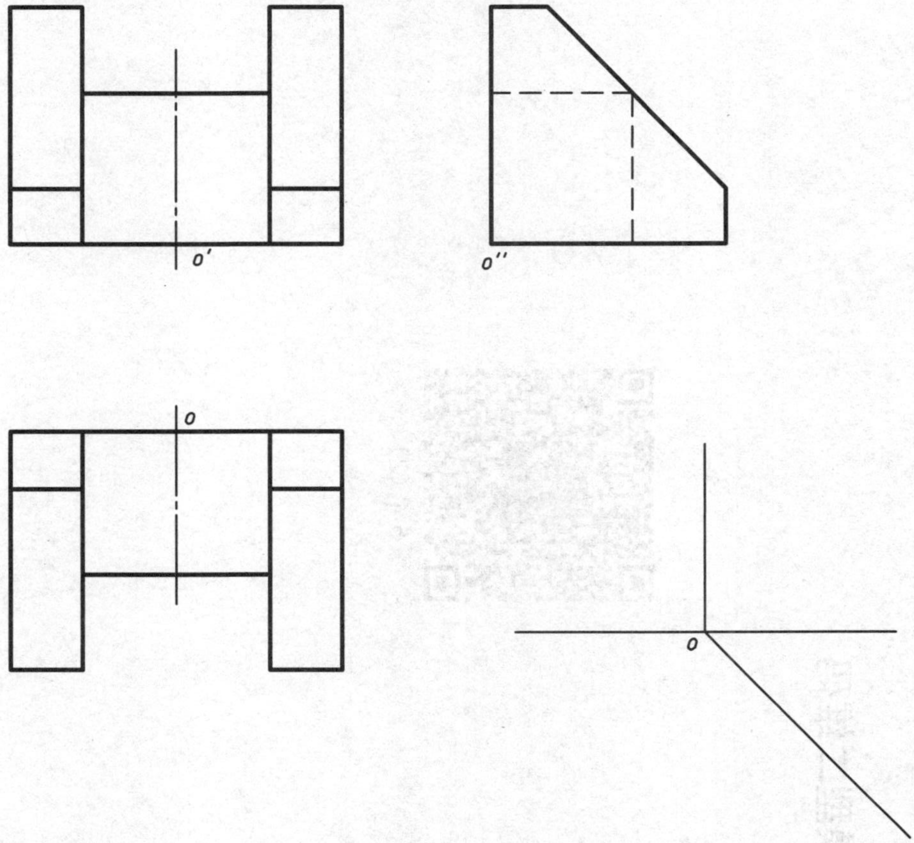


(2)

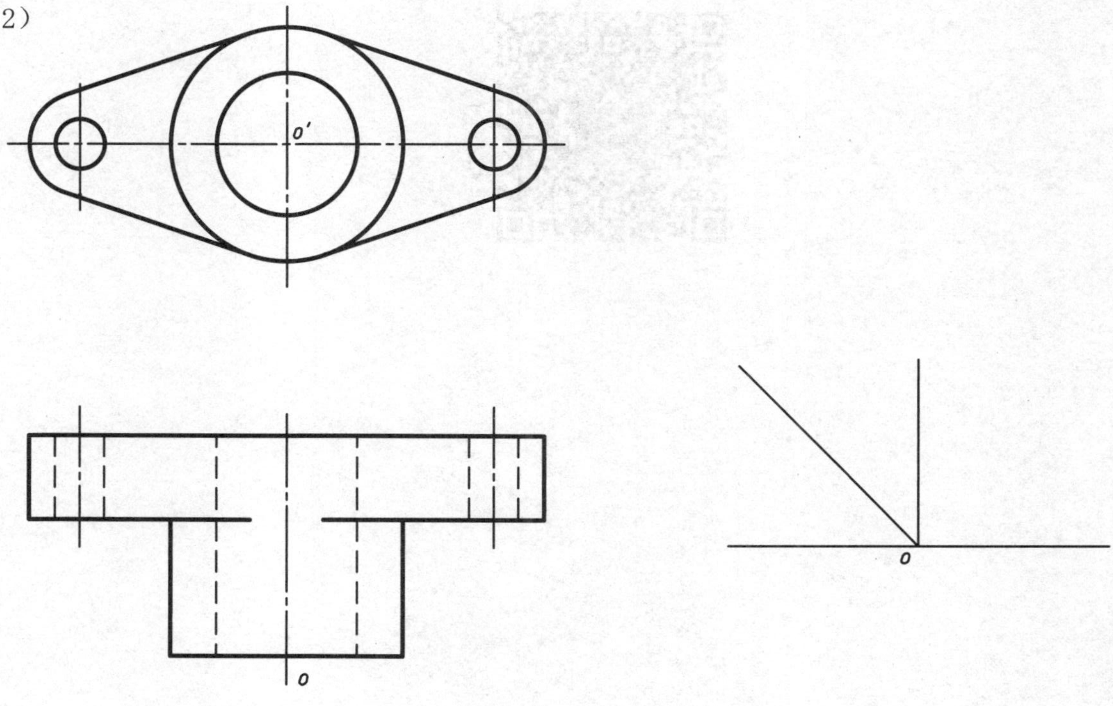

# 模型二维码

5-4（1）

5-4（2）

6-1.画出图示机件的六个基本视图（尺寸由轴测图中量取并取整）。

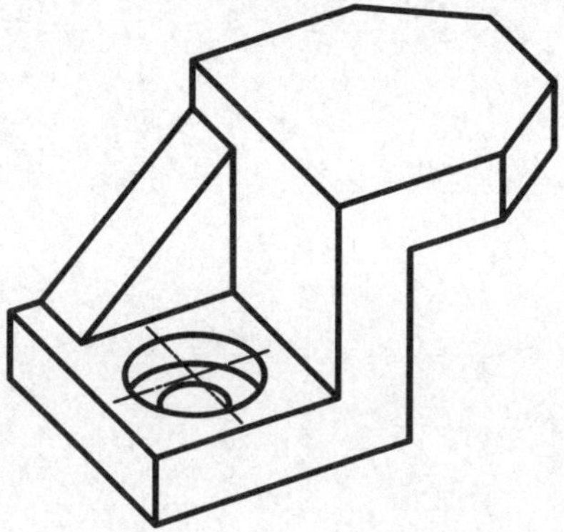

## 模型二维码

6-1

6-2. 根据主、俯视图，画出$A$向斜视图和$B$向局部视图。

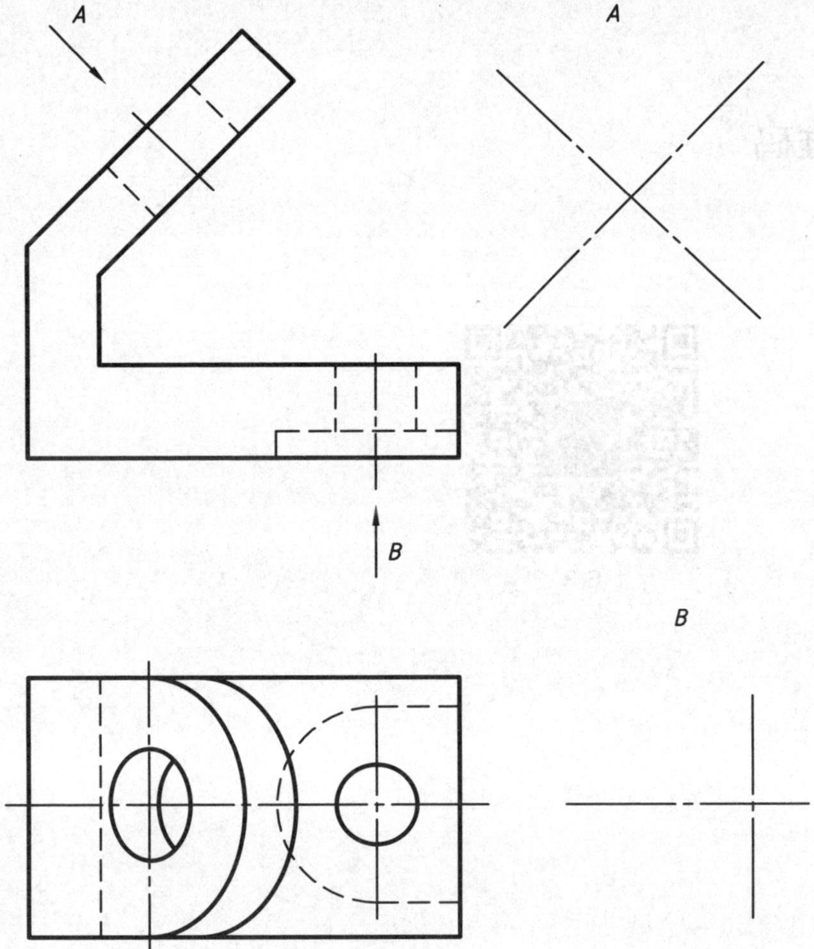


6-3. 根据轴测图中的尺寸及主视图，画出$A$向斜视图和$B$向局部视图。

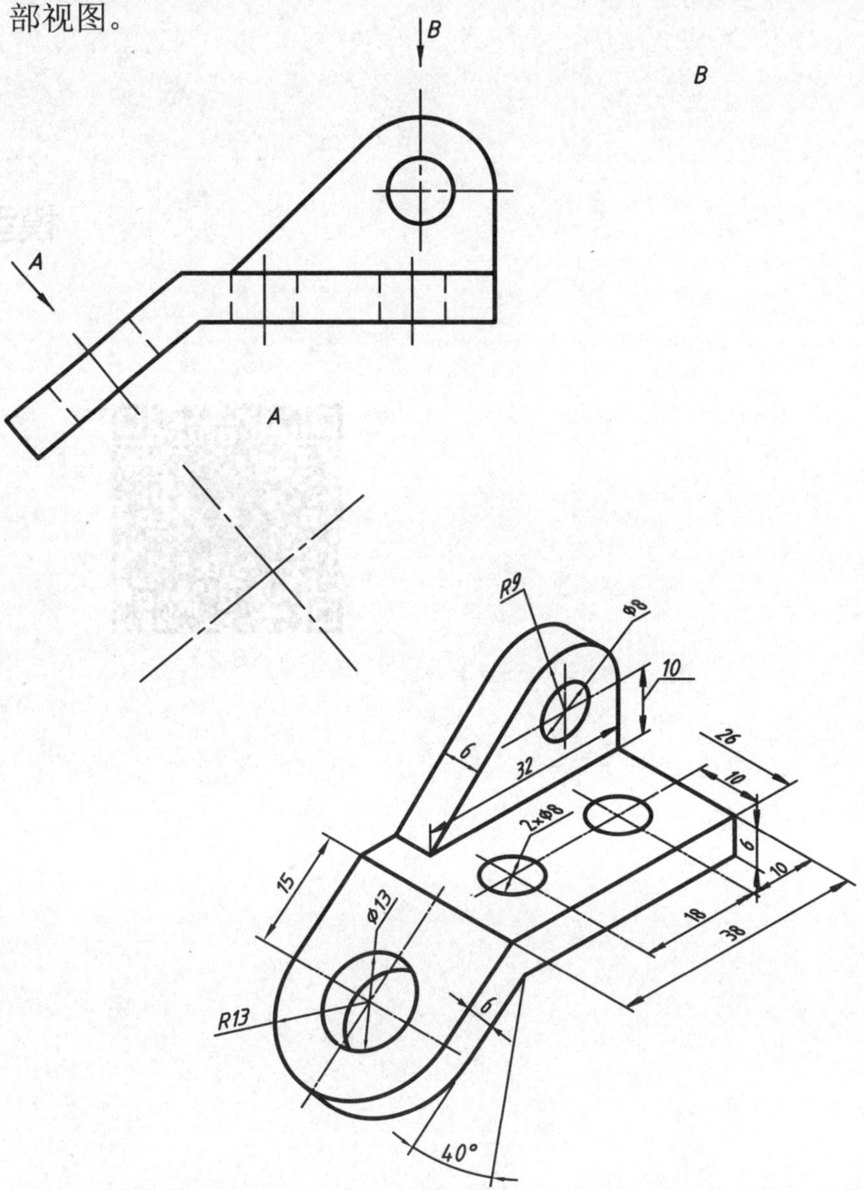

# 模型二维码

6-2

6-3

6-4.补画剖视图中所缺的线条。

（1）

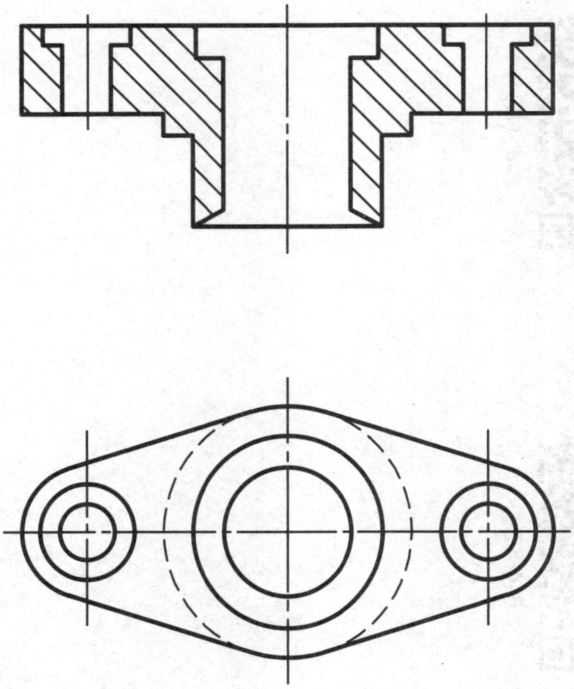

（2）

（3）

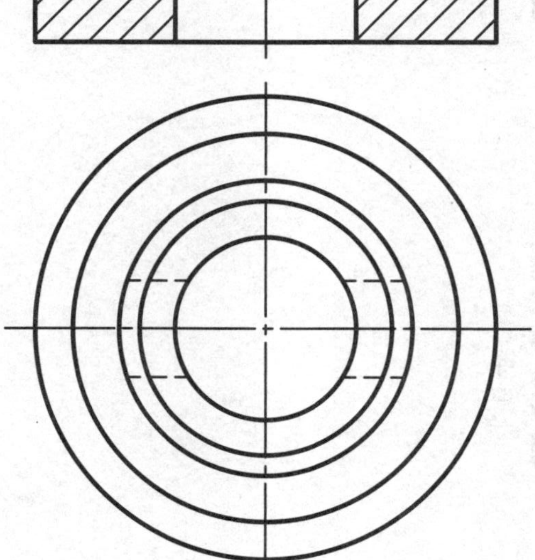

（4）

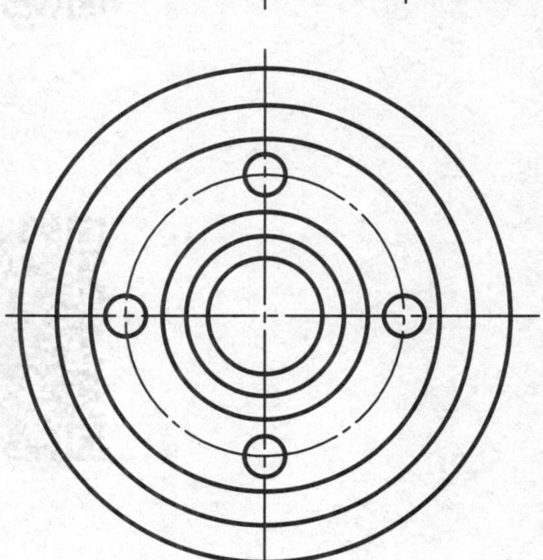

# 模型二维码

6-4（1）

6-4（2）

6-4（3）

6-4（4）

6-5. 将下列机件的主视图改画成全剖视图。

（1）

（2）

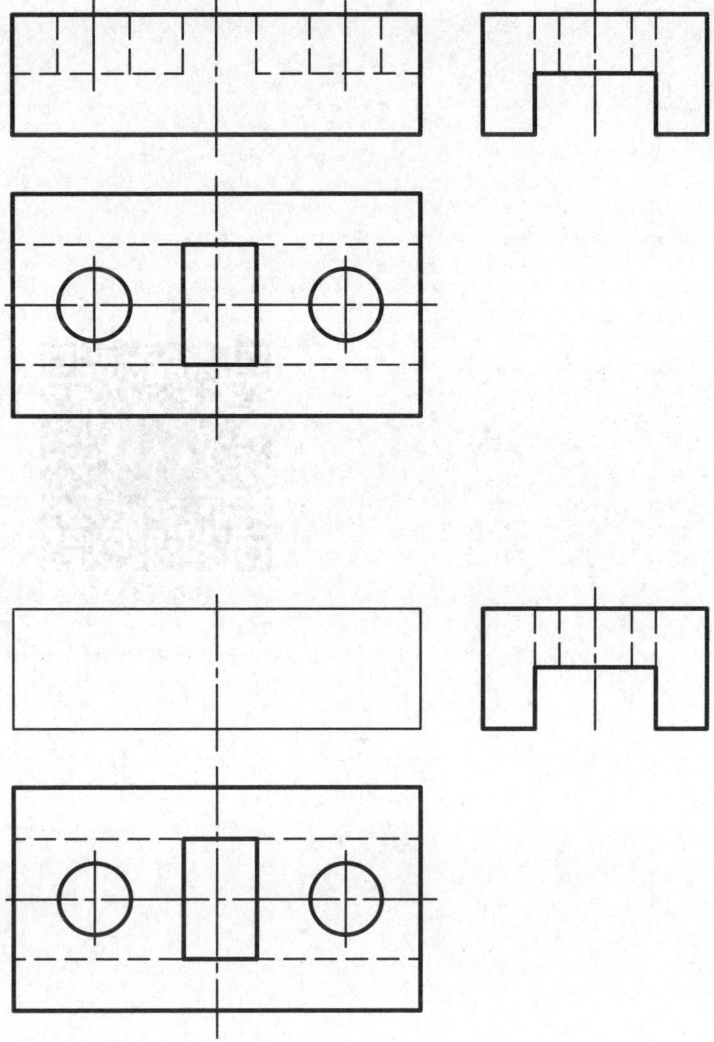

# 模型二维码

6-5（1）

6-5（2）

6-6. 将主视图改画成全剖视图。

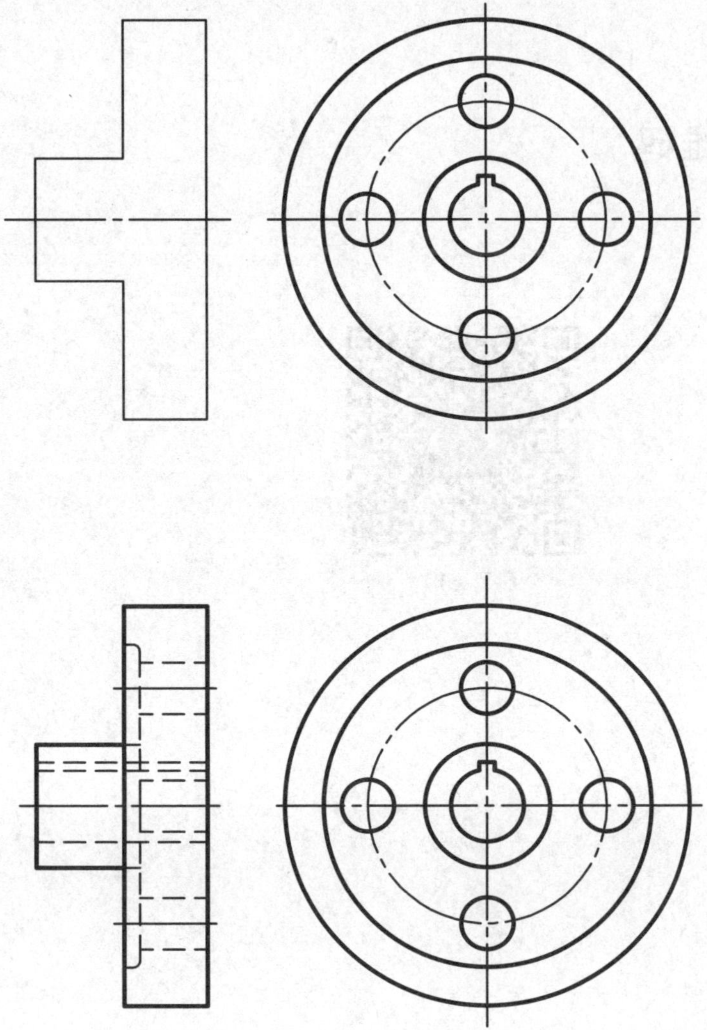

6-7. 在指定位置将机件的主视图改画成全剖视图。

（1）

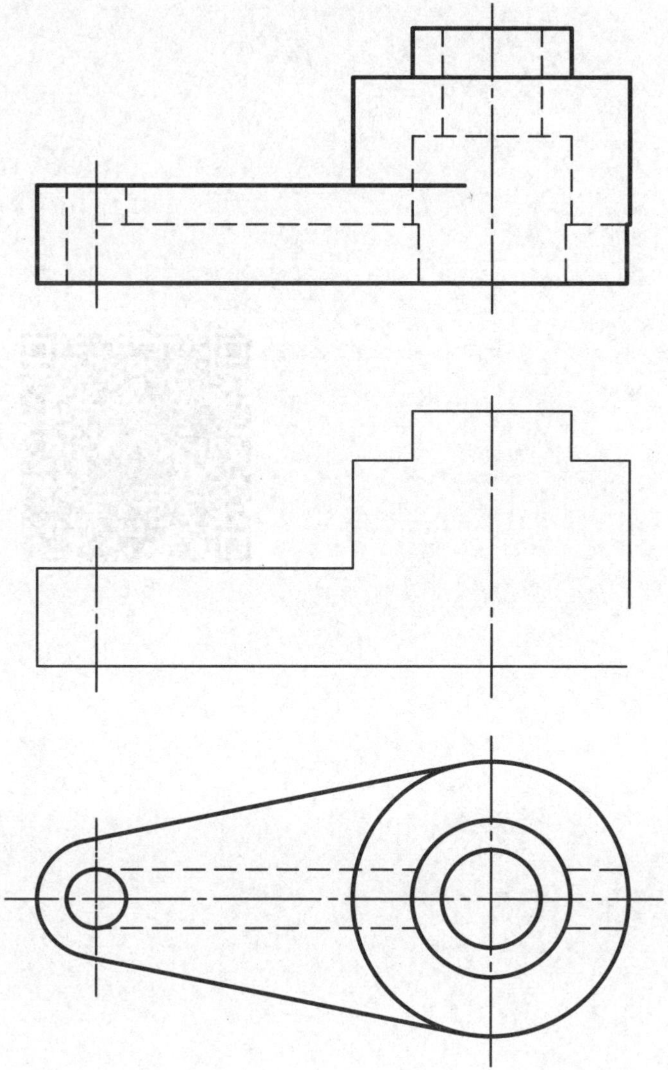

# 模型二维码

6-6

6-7（1）

(2)

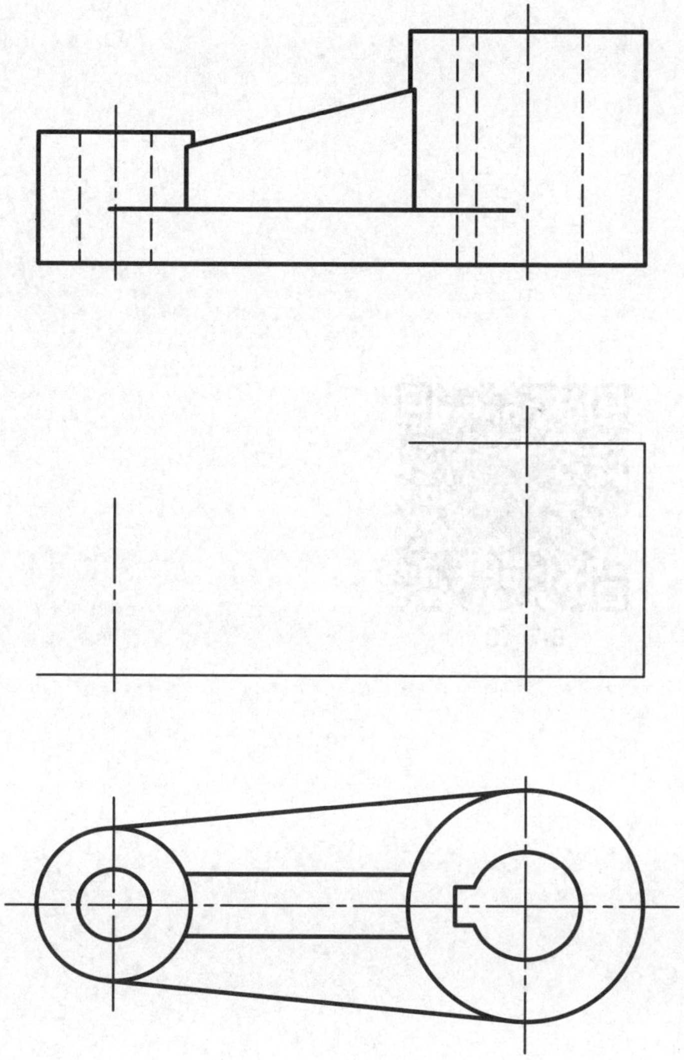

(3)

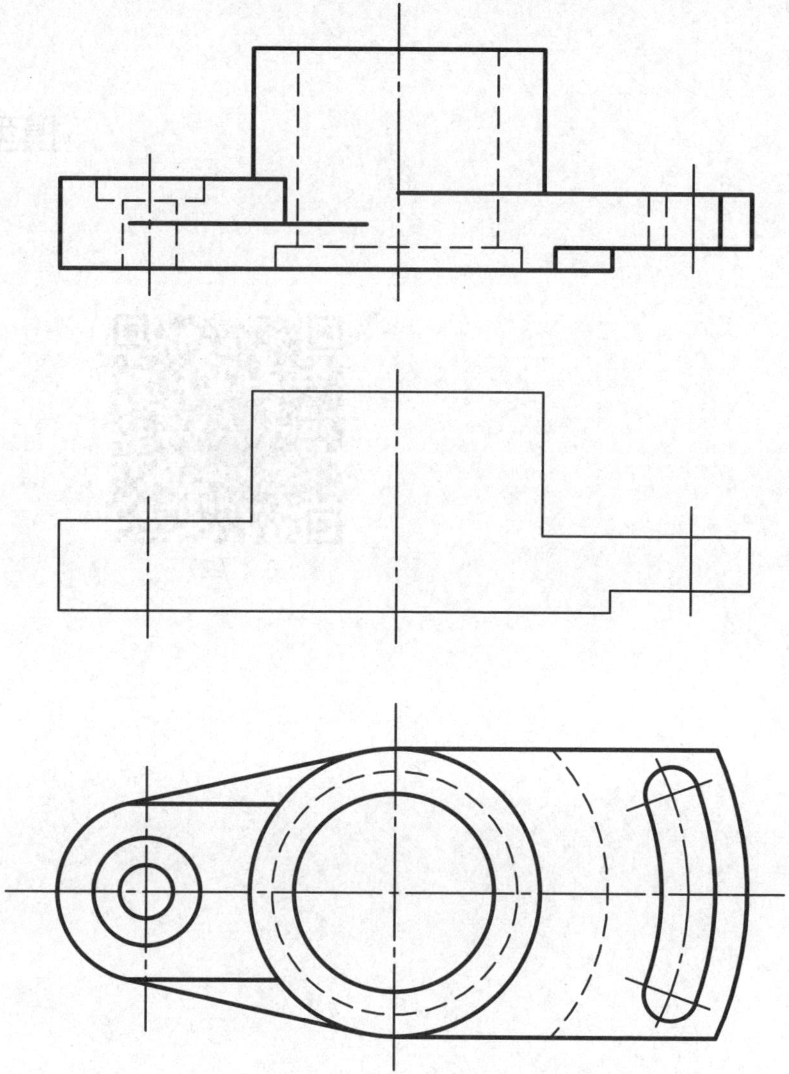

# 模型二维码

6-7（2）

6-7（3）

6-8. 将主视图改画为半剖视图。

(1)

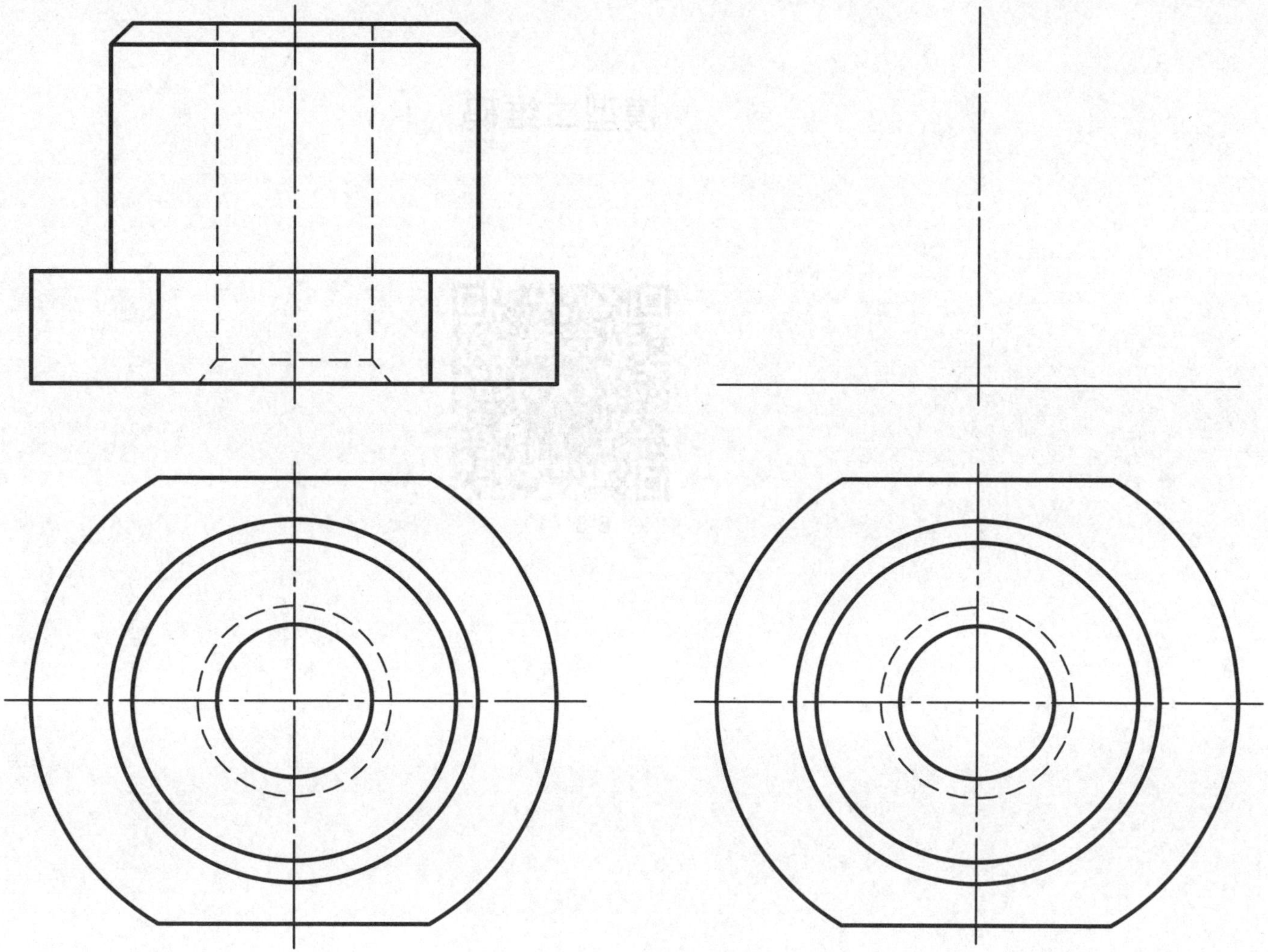

# 模型二维码

6-8（1）

(2)

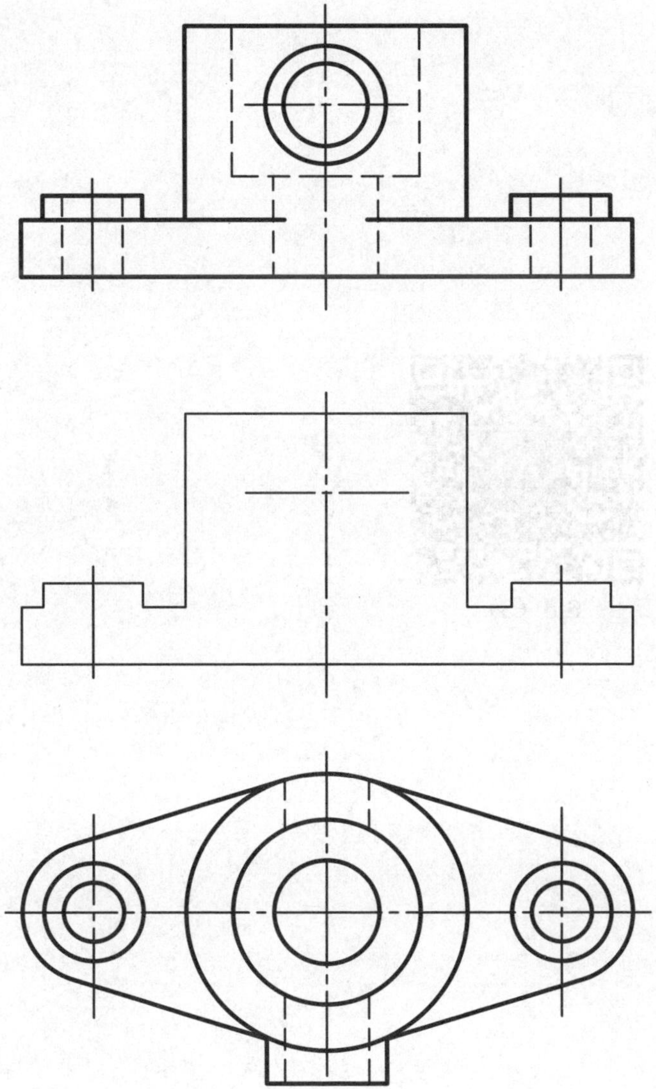

(3)

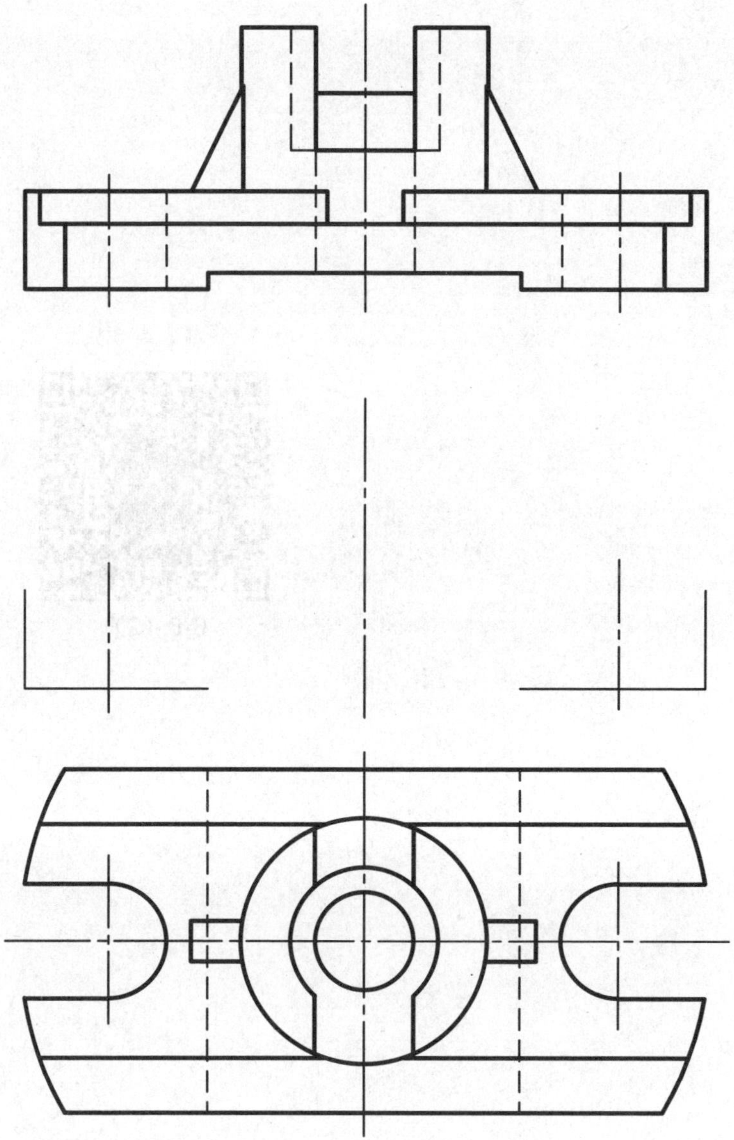

# 模型二维码

6-8（2）

6-8（3）

6-9. 在指定位置将俯视图改画为半剖视图。

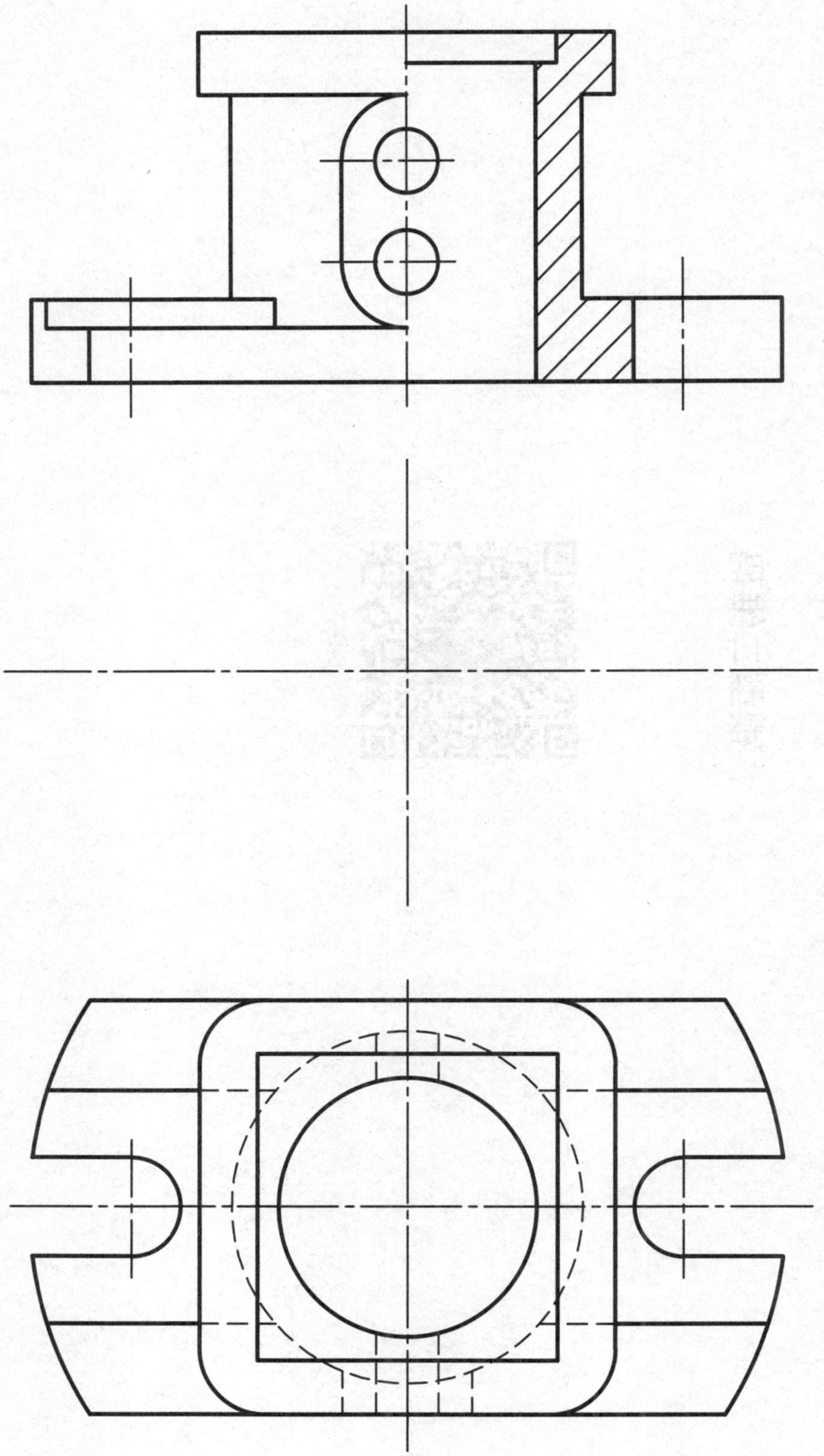

模型二维码

6-9

6-10. 在给定位置将主视图画成半剖视图，将左视图画成全剖视图。

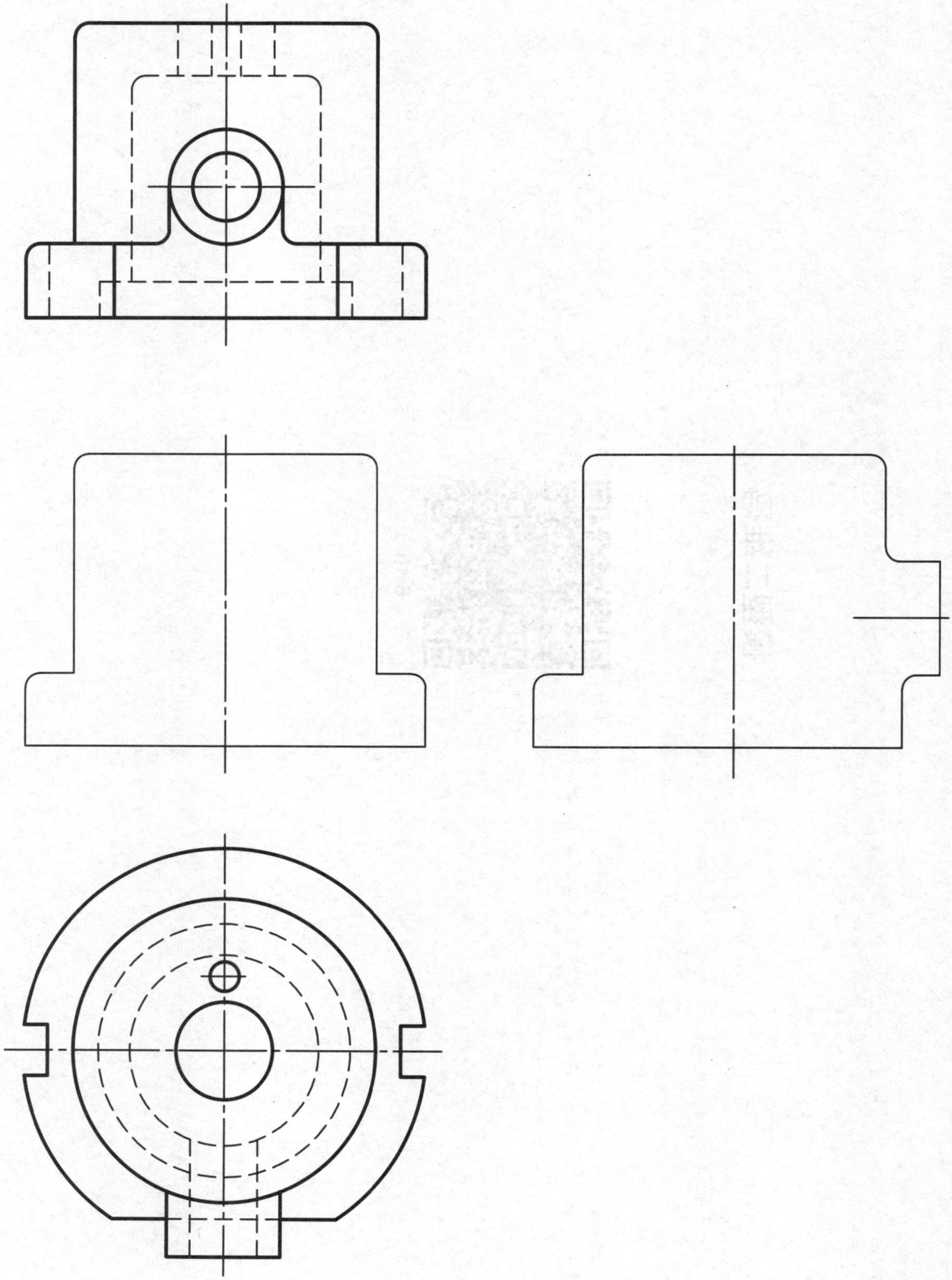

模型二维码

6-10

6-11. 分析局部剖视图中错误的波浪线画法，并作出正确的局部剖视图。

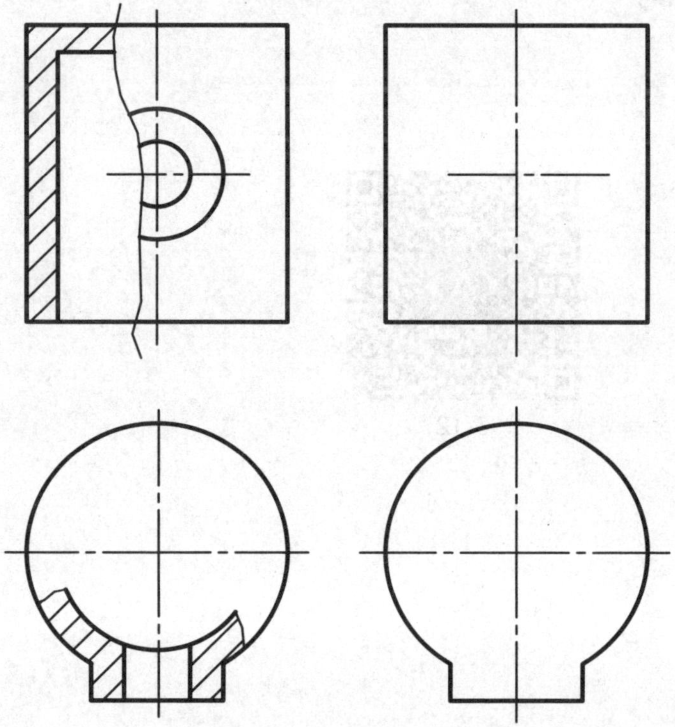

6-12. 分析局部剖视图错误的画法，并作出正确的局部剖视图。

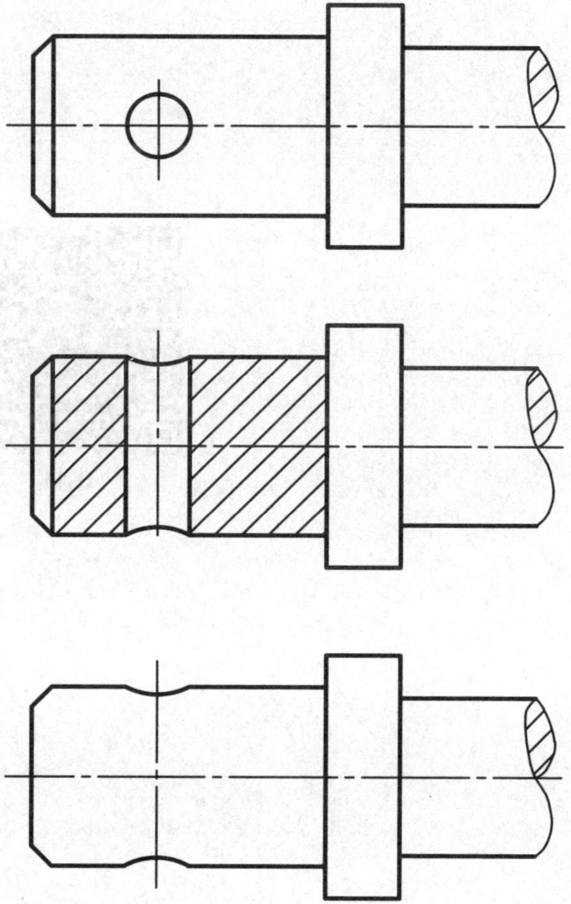

# 模型二维码

6-11

6-12

6-13. 在指定位置将机件的主、俯视图改画为局部剖视图。

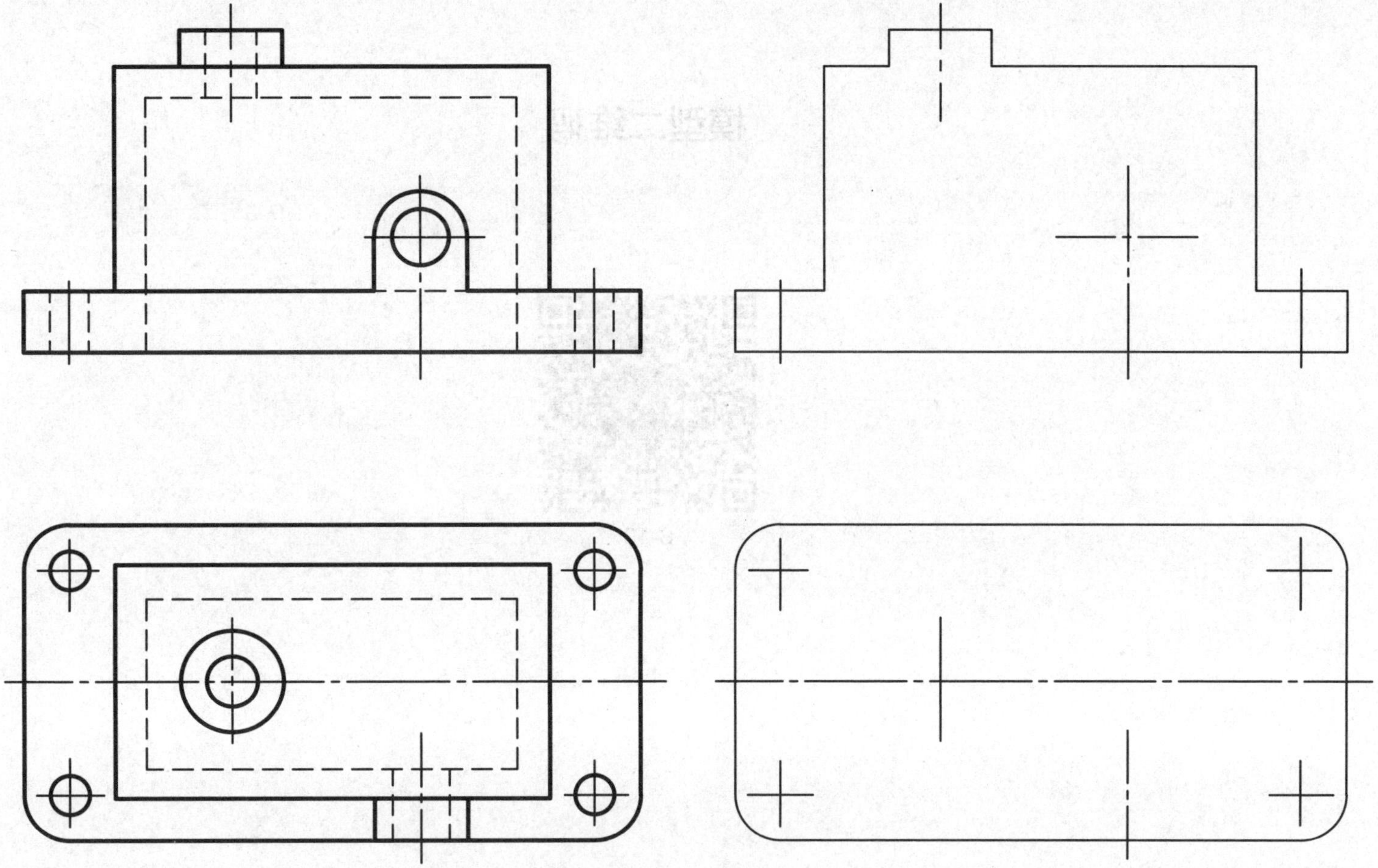

# 模型二维码

6-13

6-14. 根据已给的视图，画出C-C全剖视图。

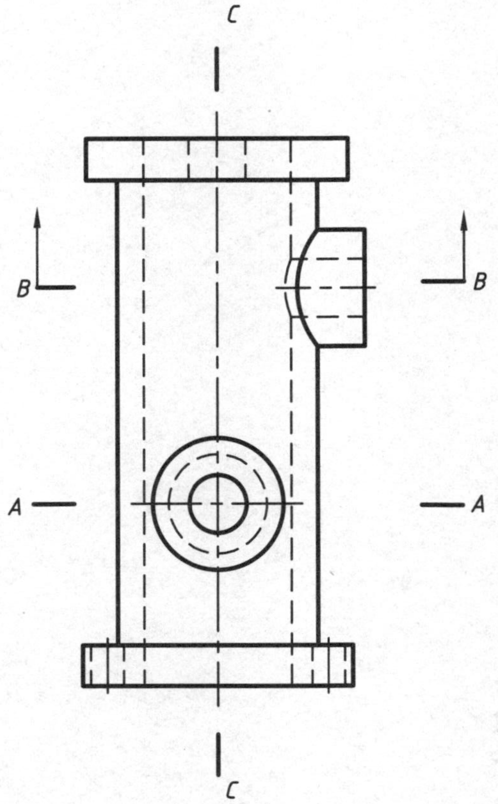


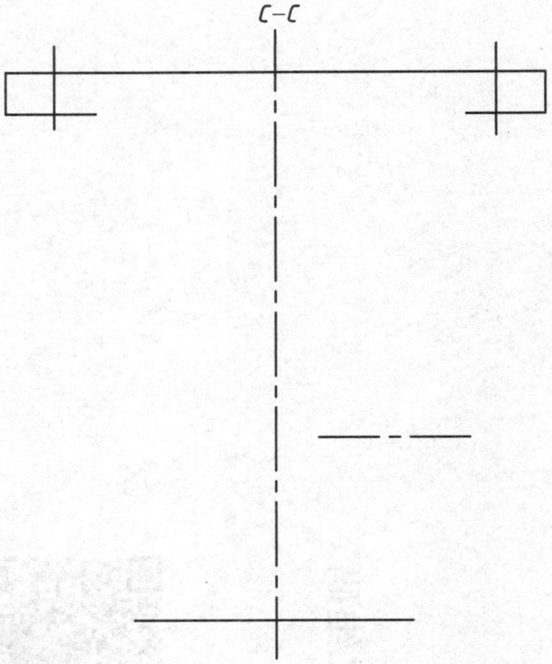


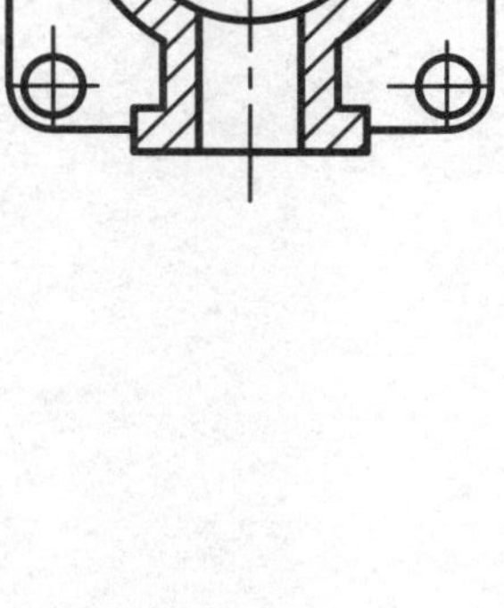


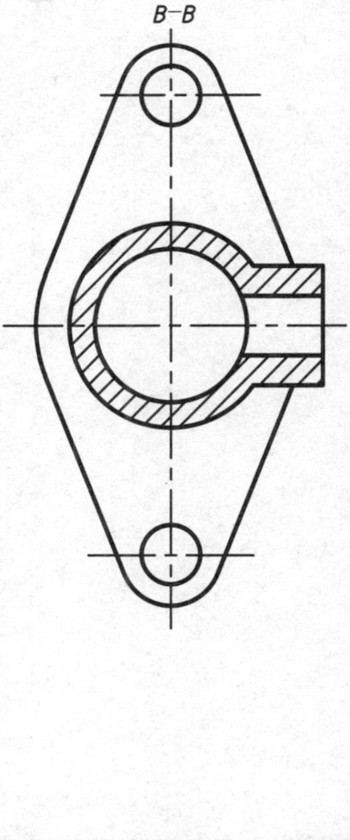

## 模型二维码

6-14

6-15. 作*A*-*A*剖视图。

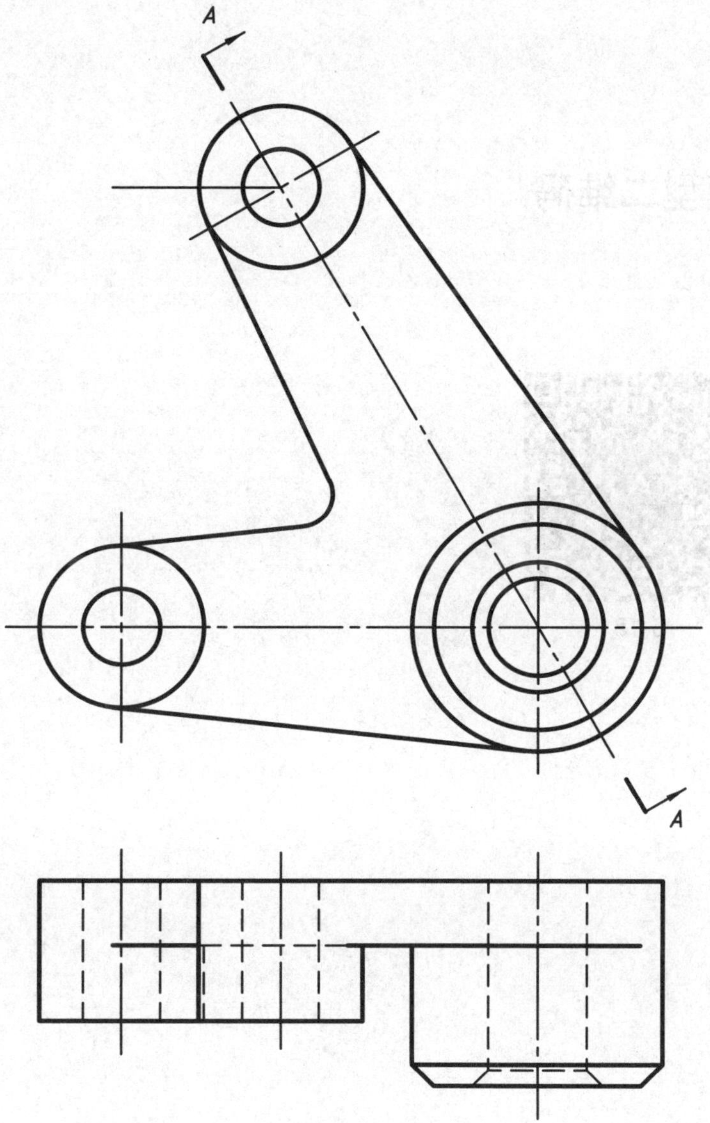


A-A

模型二维码

6-15

6-16.将主视图画成两个平行平面剖切的全剖视图。

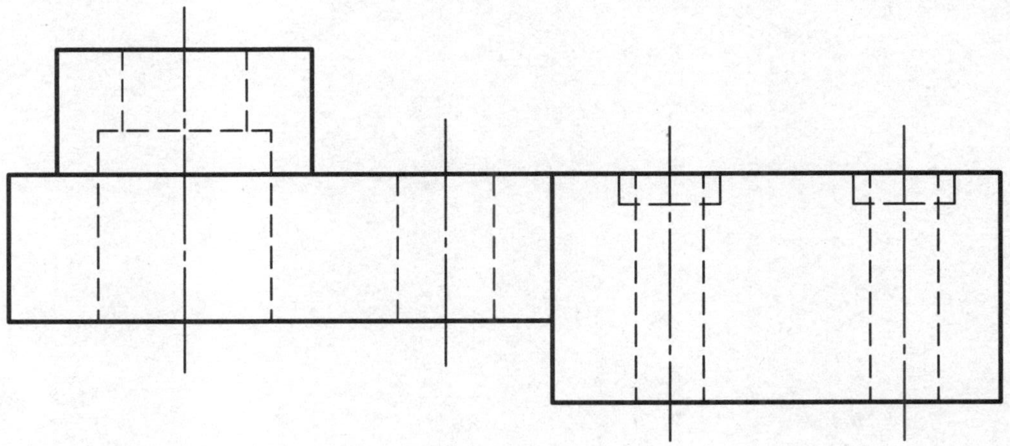

A-A

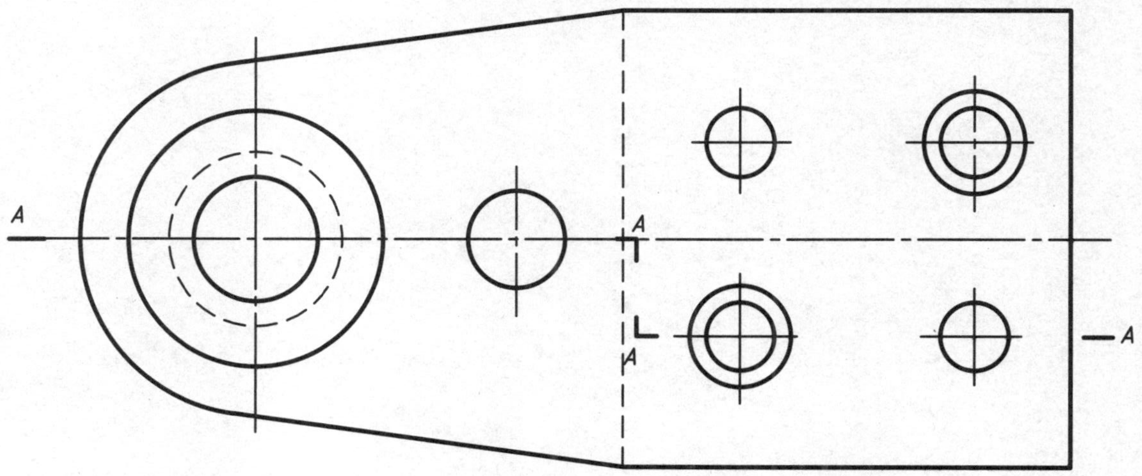

# 模型二维码

6-16

6-17. 将主视图改画成几个平行平面剖切的全剖视图。

(1)

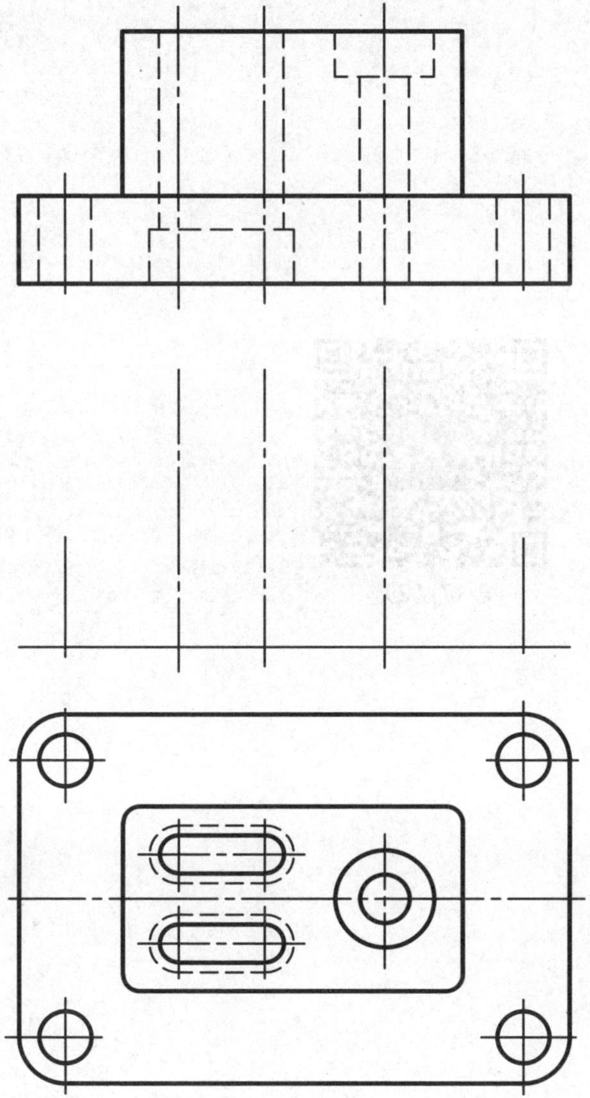

(2)

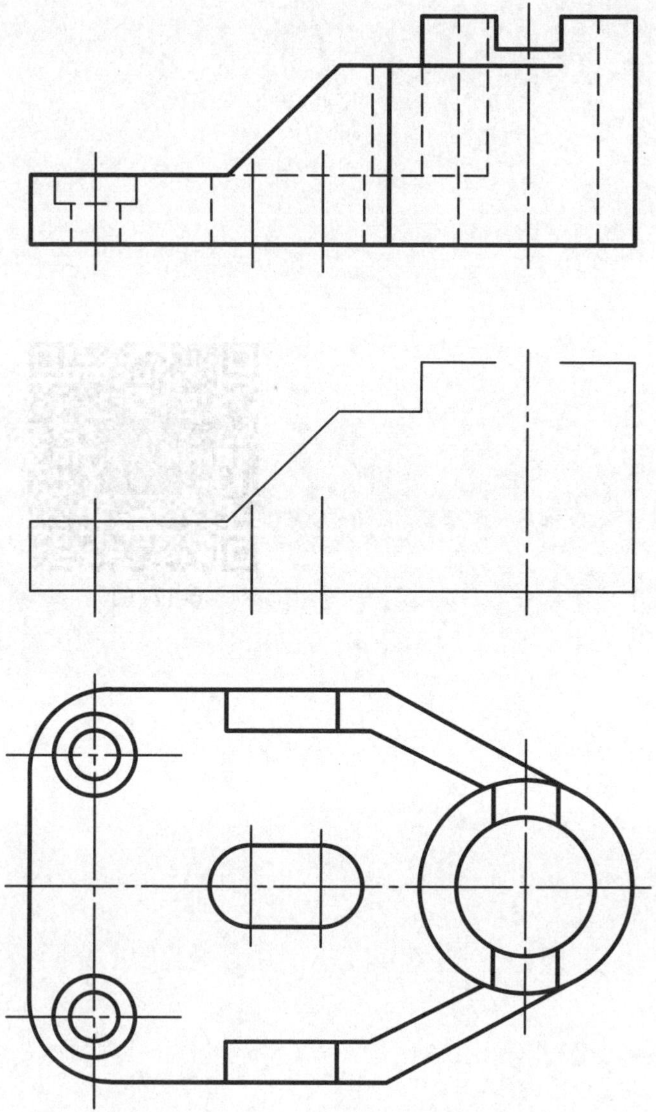

# 模型二维码

6-17（1）

6-17（2）

6-18. 将主视图改画成两个相交平面剖切的全剖视图。

（1）

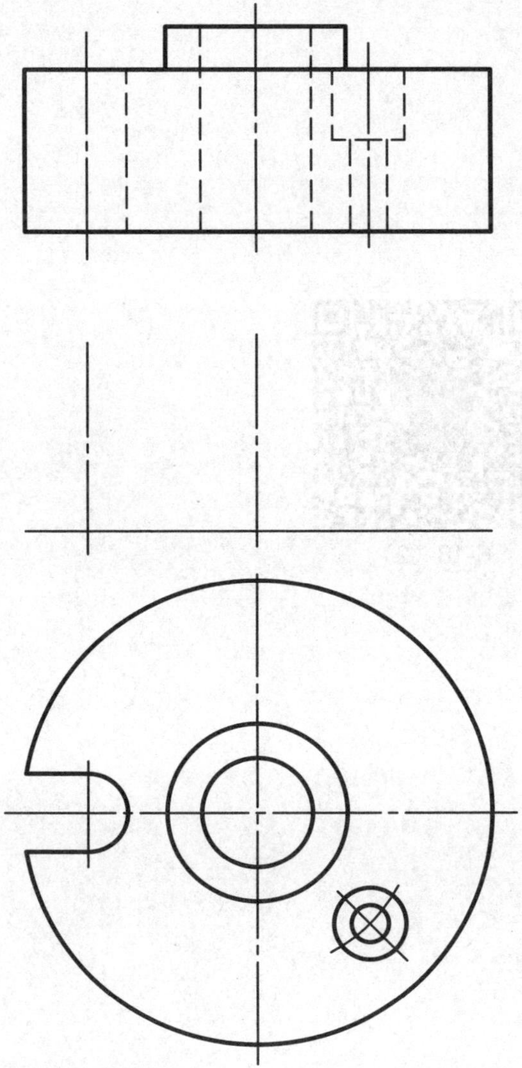

（2）

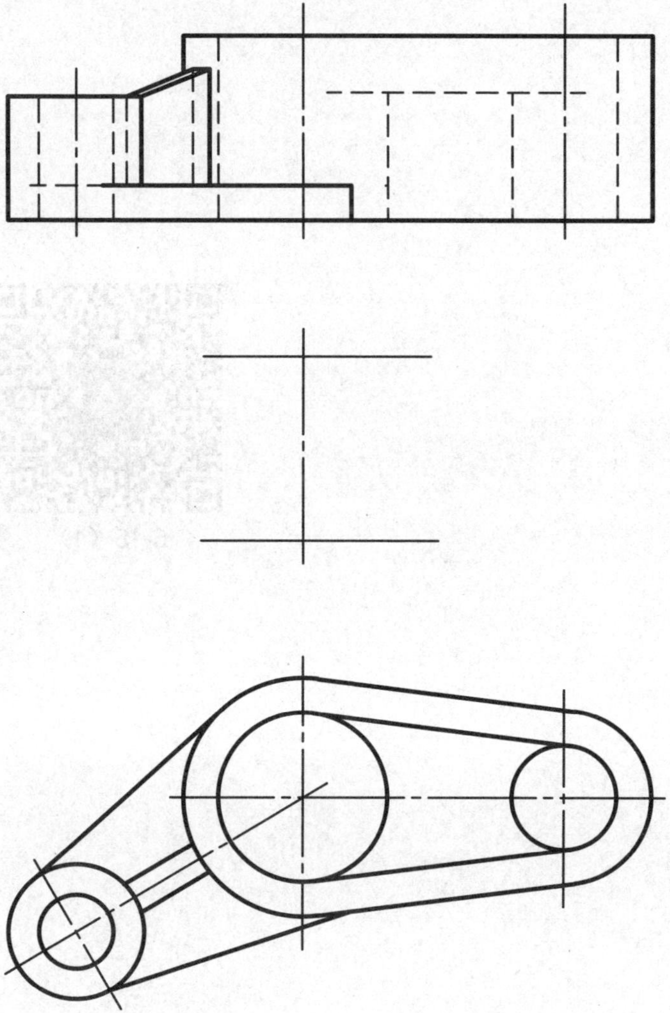

# 模型二维码

6-18（1）

6-18（2）

6-19. 将主视图改画成复合剖切的全剖视图。

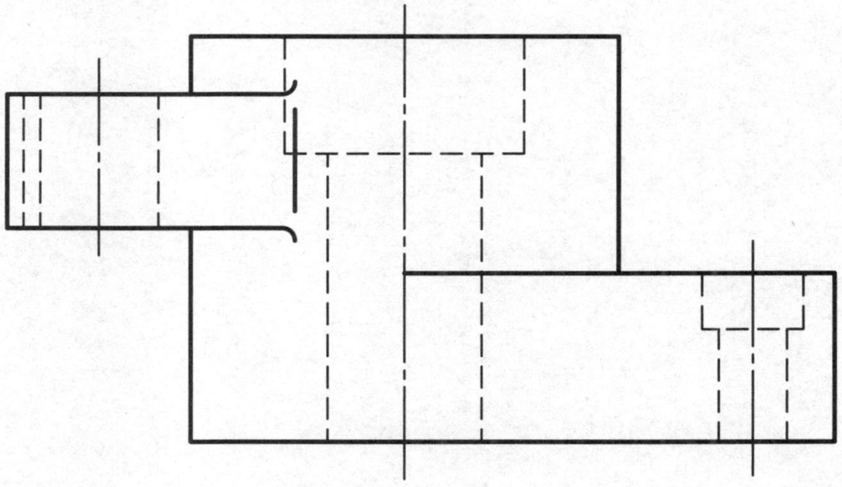

A-A

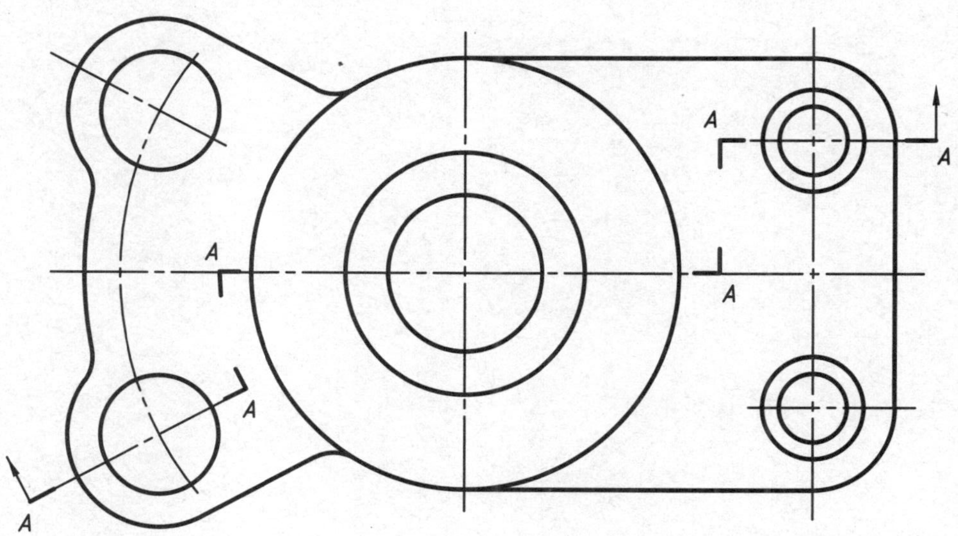

# 模型二维码

6-19

6-20. 在指定位置将主视图和左视图改画成适当的剖视图。

（1）

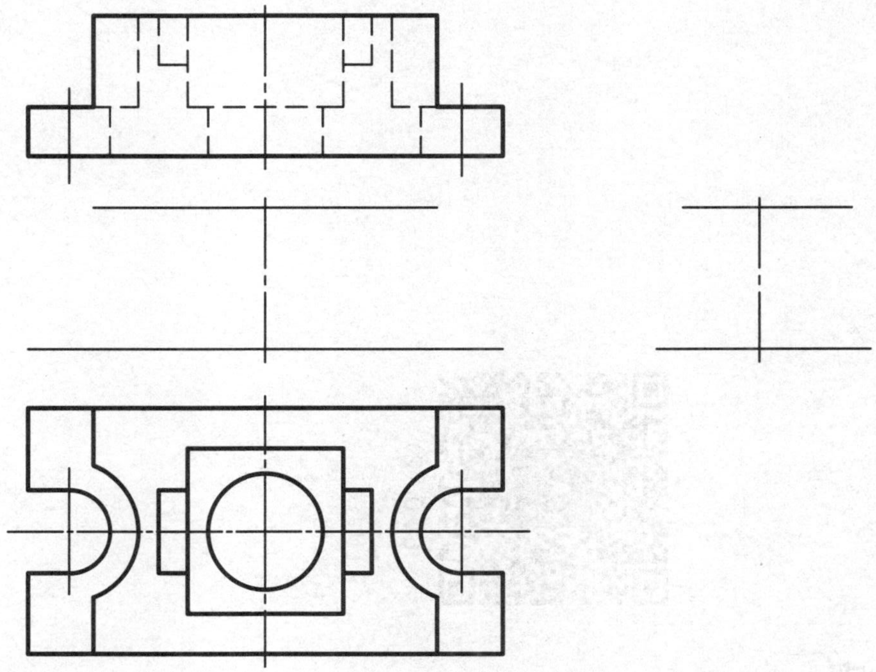

（2）

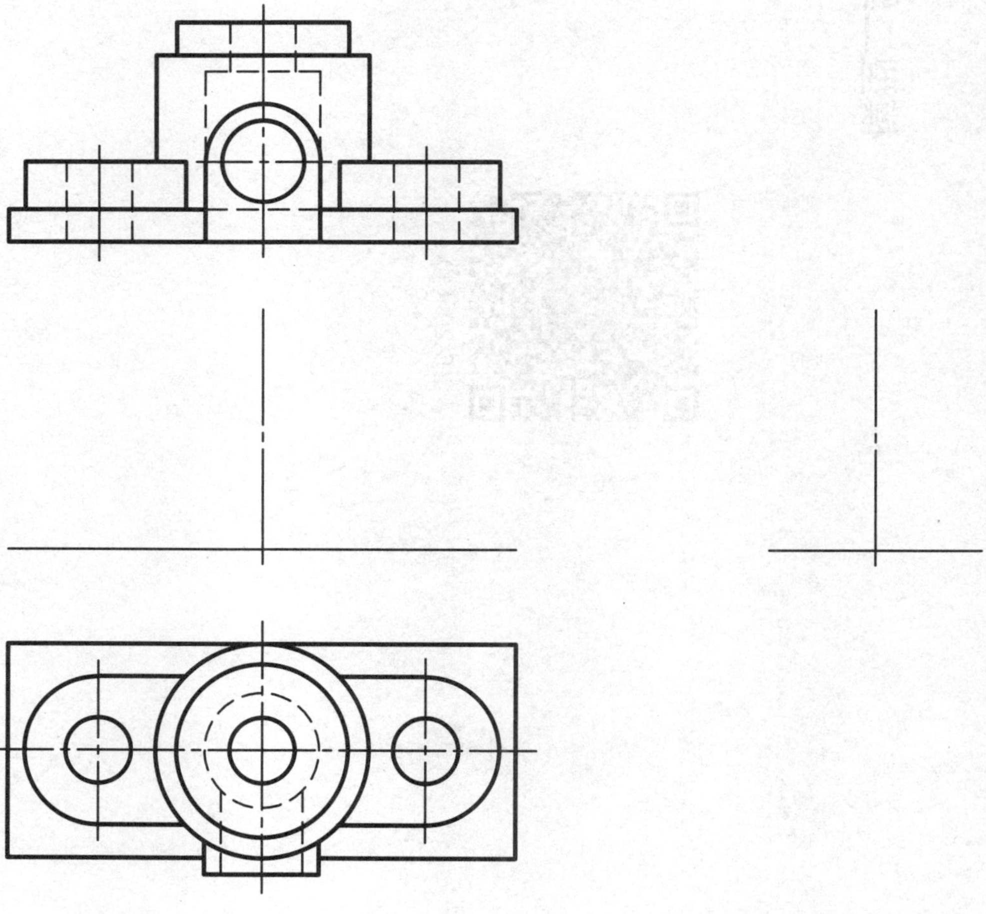

# 模型二维码

6-20（1）

6-20（2）

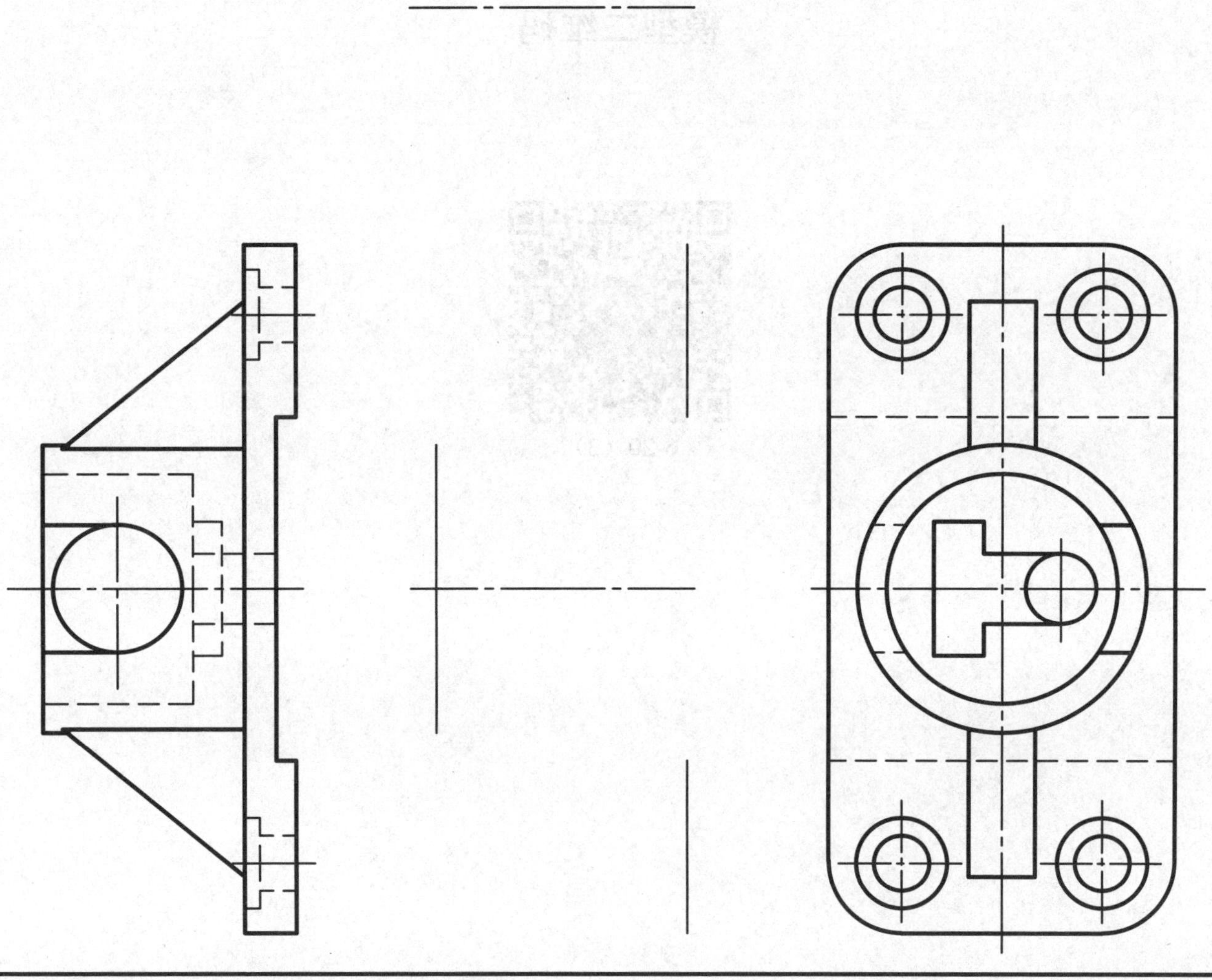

(3)

# 模型二维码

6-20（3）

6-21. 选出主视图下方的正确断面图。

(1)

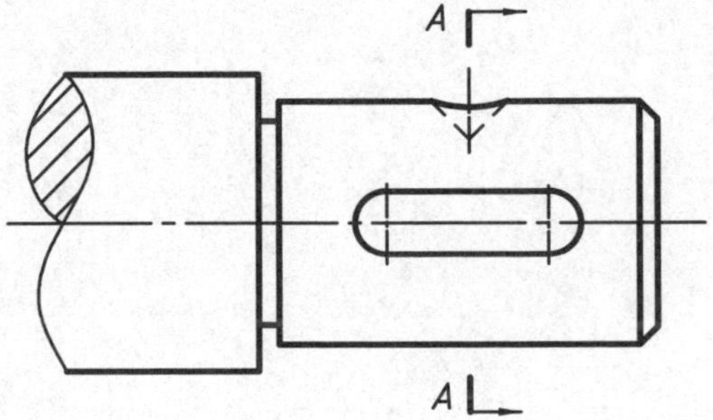


A–A

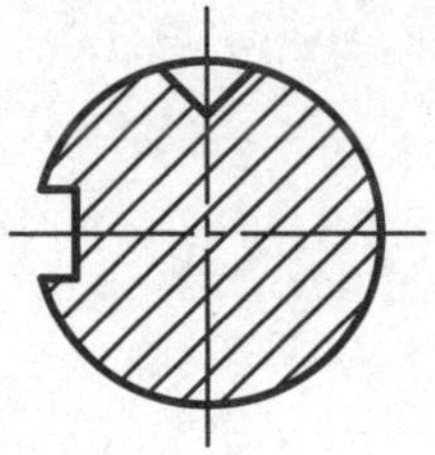

(a)

A–A

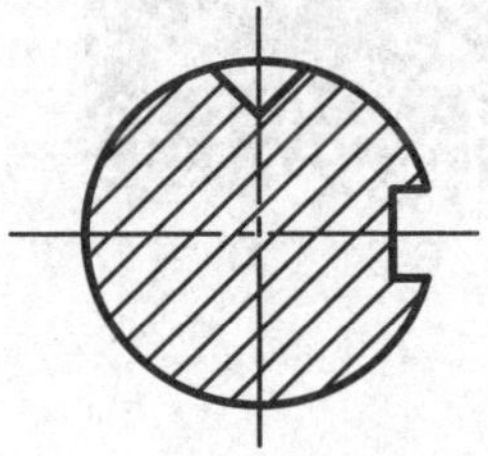

(b)

A–A

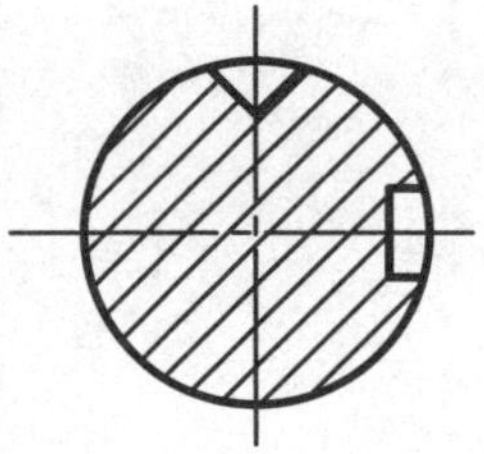

(c)

A–A

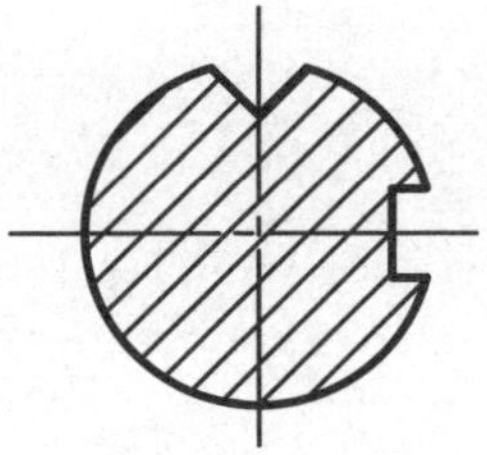

(d)

(2)

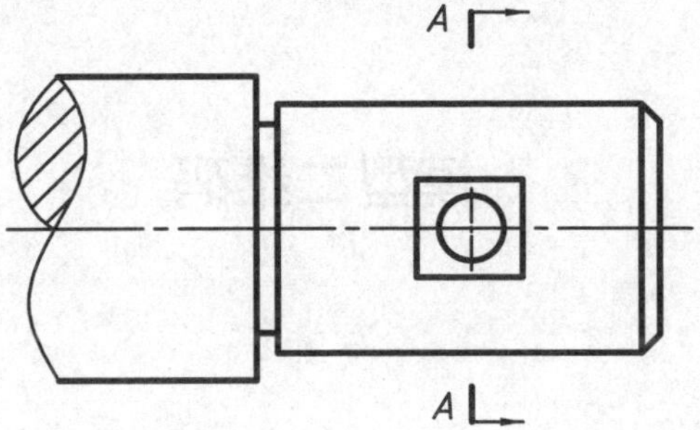


A–A

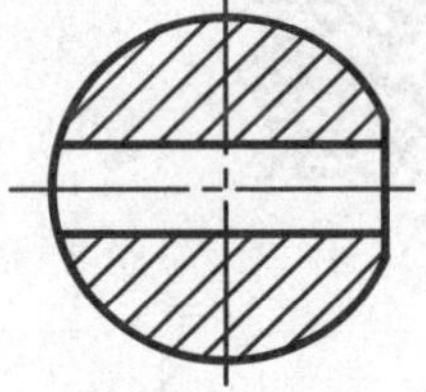

(a)

A–A

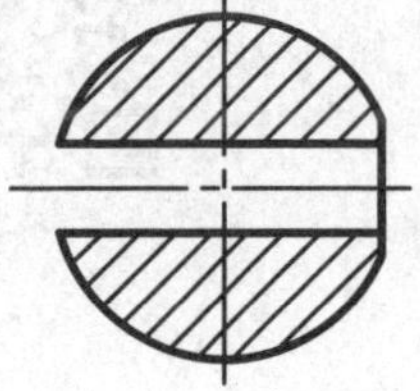

(b)

A–A

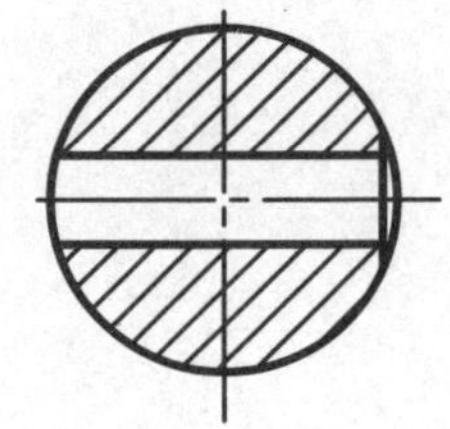

(c)

A–A

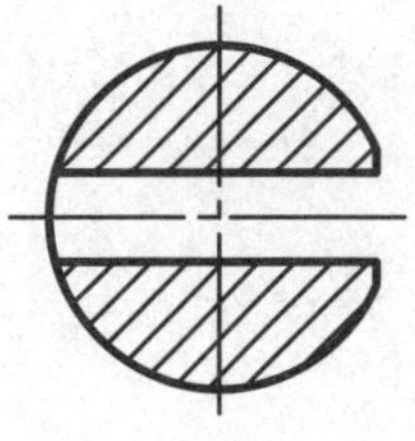

(d)

(3)

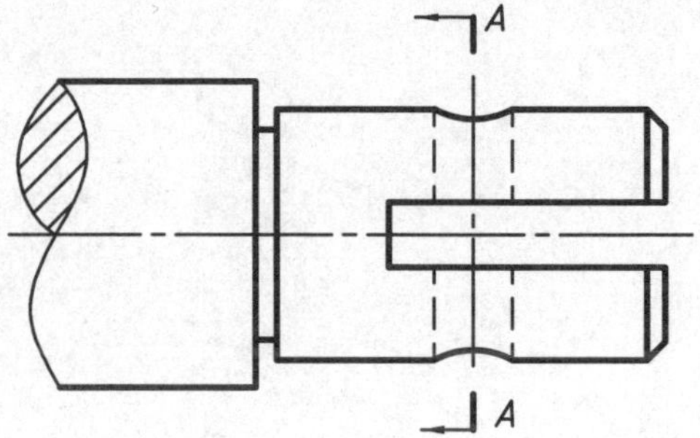


A–A

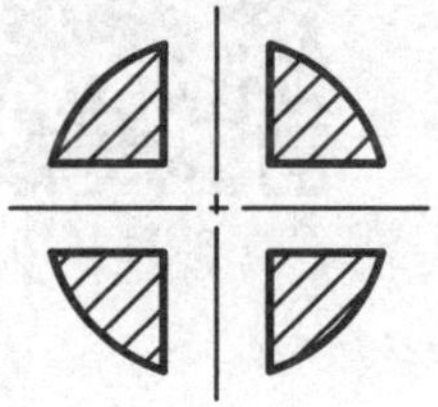

(a)

A–A

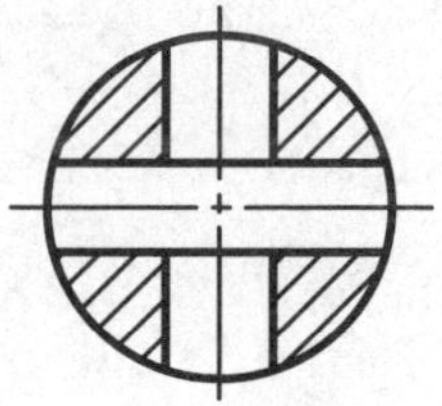

(b)

A–A

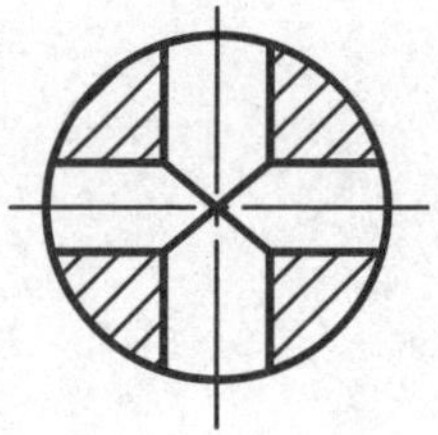

(c)

A–A

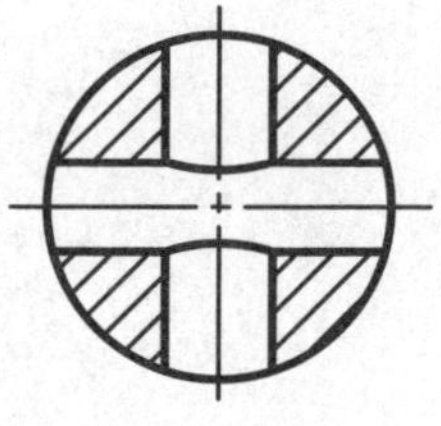

(d)

## 模型二维码

6-21（1）

6-21（2）

6-21（3）

6-22. 画出轴上四个位置的移出断面图。

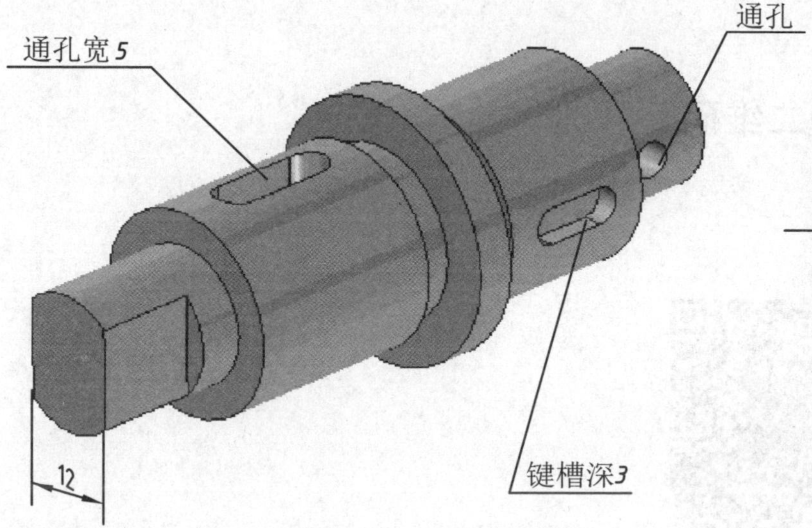


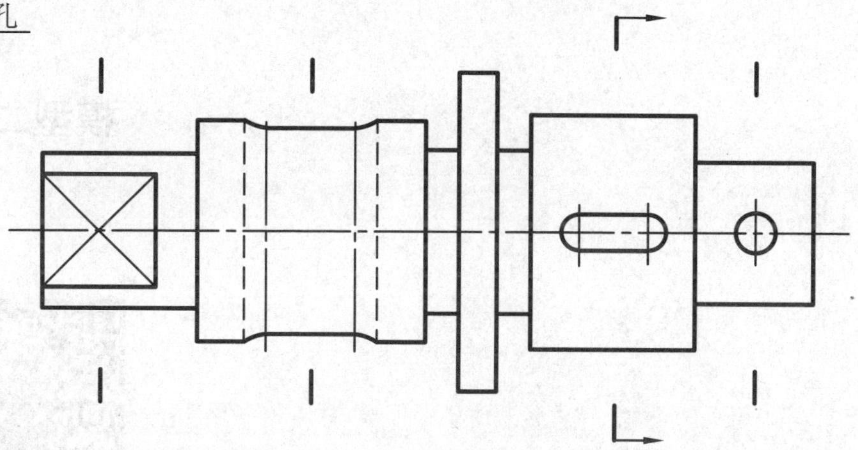

模型二维码

6-22

6-23. 在俯视图中断处画出十字肋的断面图。

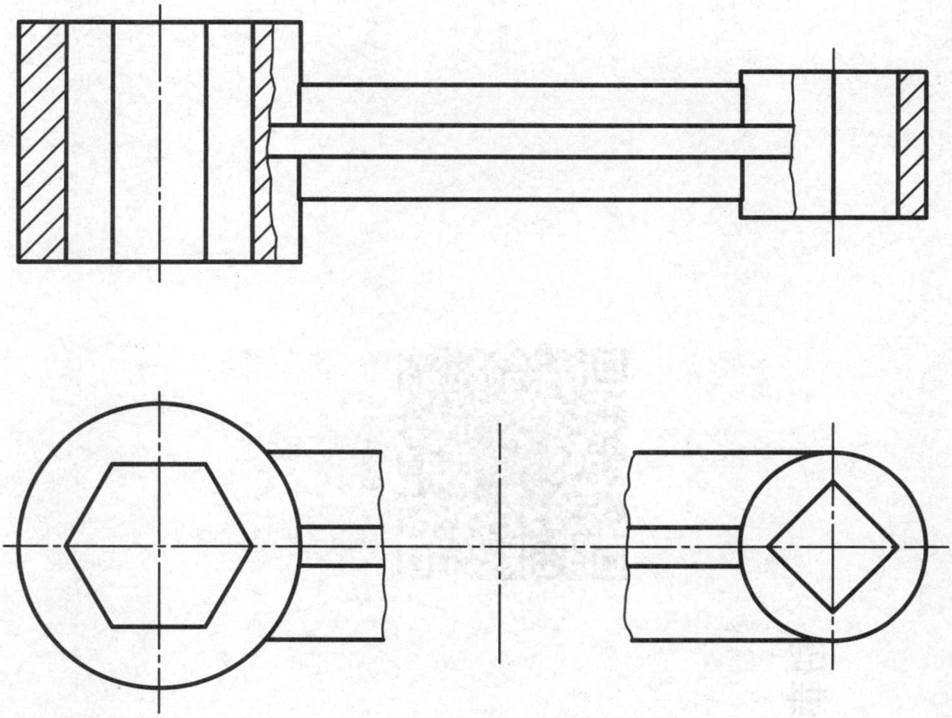

6-24. 按指定的剖切位置，画出移出断面。

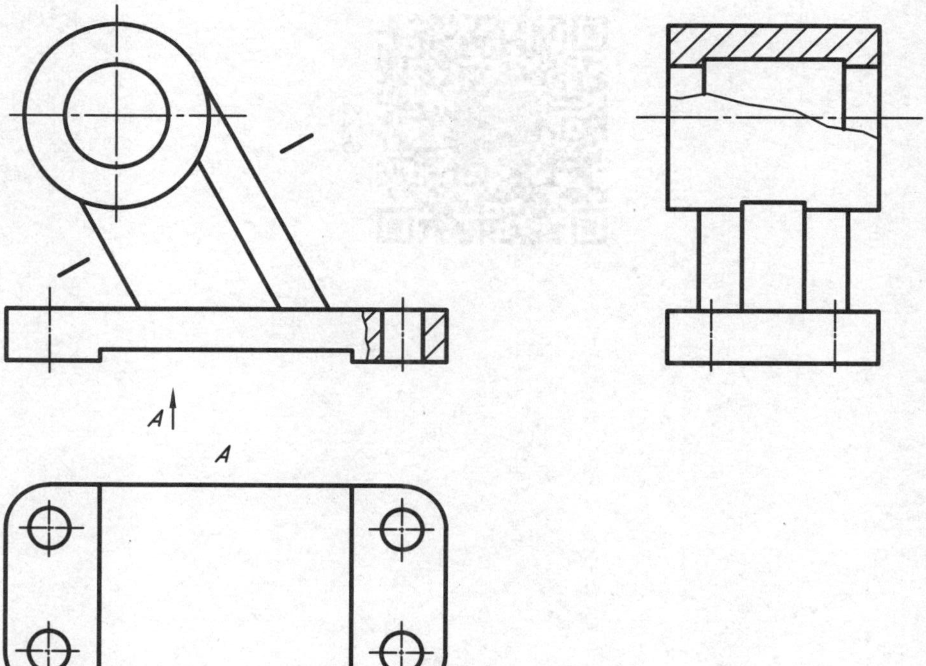

# 模型二维码

6-23

6-24

6-25.第三次大作业——根据所给视图，选择适当的表达方案，在A3图纸上将机件的内外形状表达清楚（画图比例自定）。

**一、目的、内容与要求**

（1）目的、内容：根据所绘机件的视图选择并画出所需的剖视图、断面图和其他视图，并标注尺寸。本作业共3个分题，不同专业按需要完成其中1～2个分题。

（2）要求：对指定的机件选择适当的表达方案，要求将机件的内外形状表达清楚。

**二、图名、图幅、比例**

（1）图名：剖视图。

（2）图幅：A3。

（3）比例：由各分题确定。

**三、绘图步骤及注意事项**

（1）读懂所给视图，选择适当的表达方案。

（2）根据给定的图幅，选择合适的比例。

（3）合理布置各视图在图纸上的位置。

（4）绘制各视图，并标注和调整各部分尺寸，完成底稿。

（5）加深各视图。

（6）填写标题栏的内容。

（1）

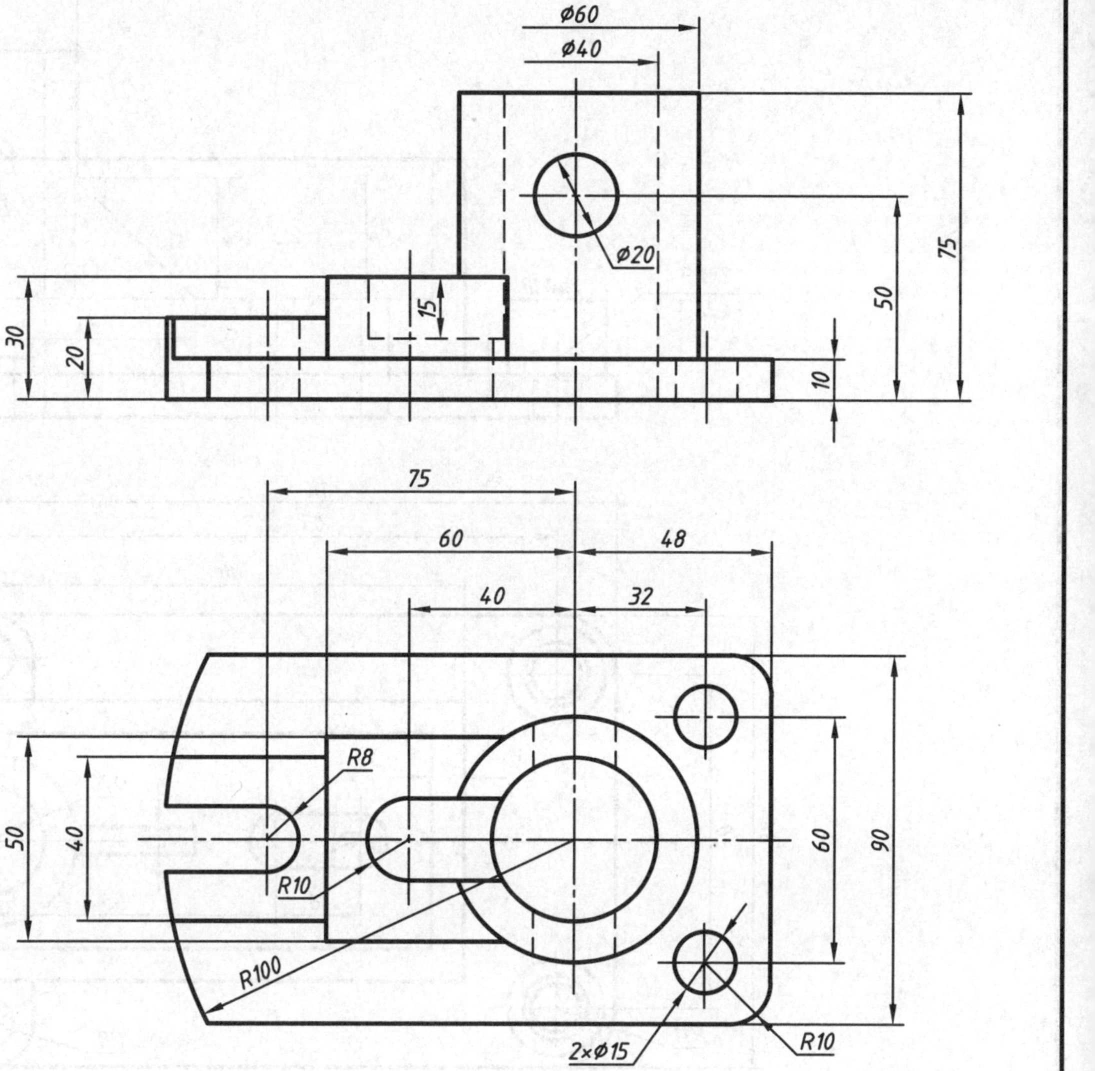

(2)

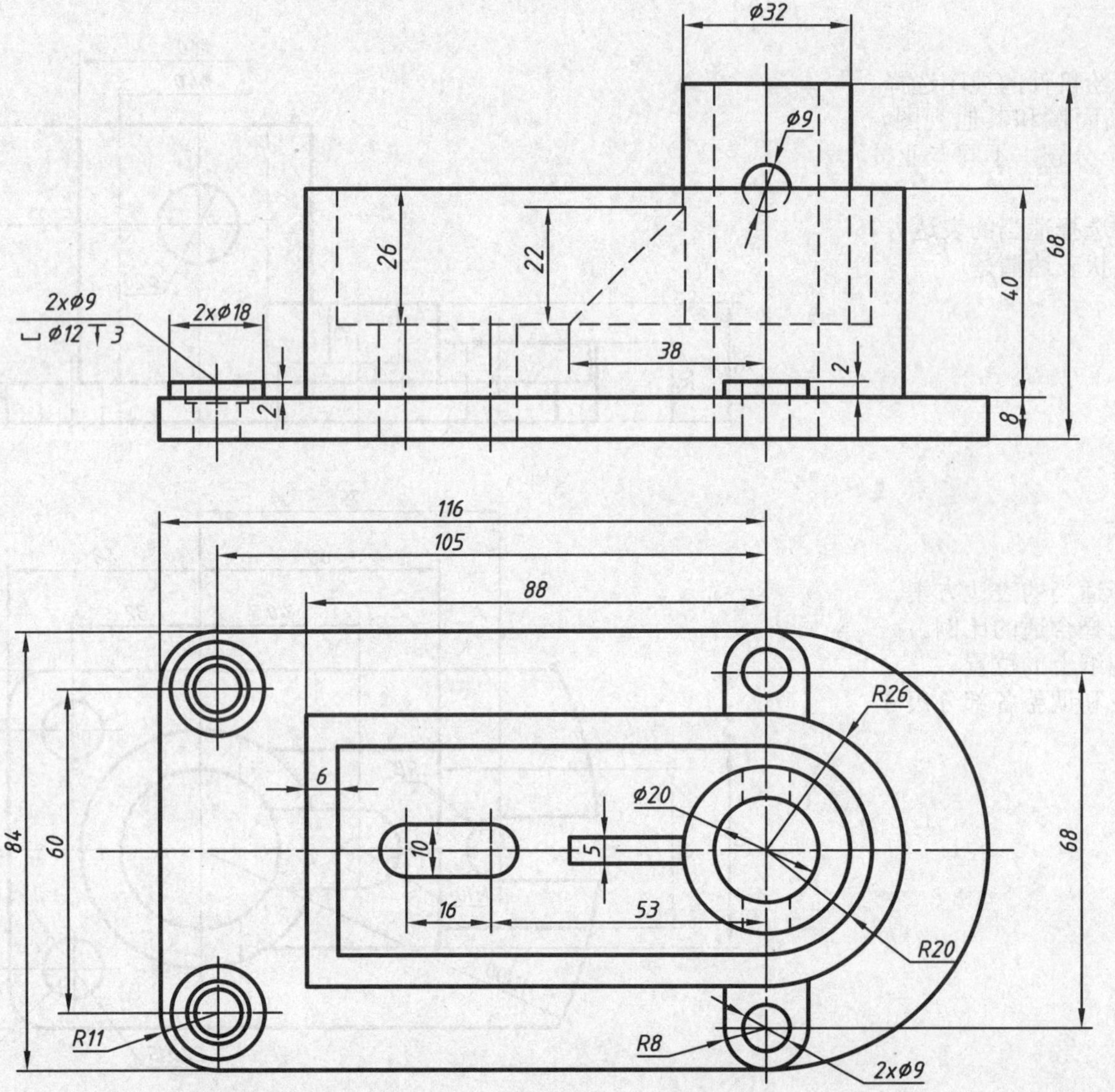

ϕ32
ϕ9
68
40
26
22
2xϕ9
⌴ ϕ12 ↧ 3
2xϕ18
38
2
2
8
116
105
88
6
ϕ20
10
5
16
53
R26
R20
84
60
68
R11
R8
2xϕ9

(3)

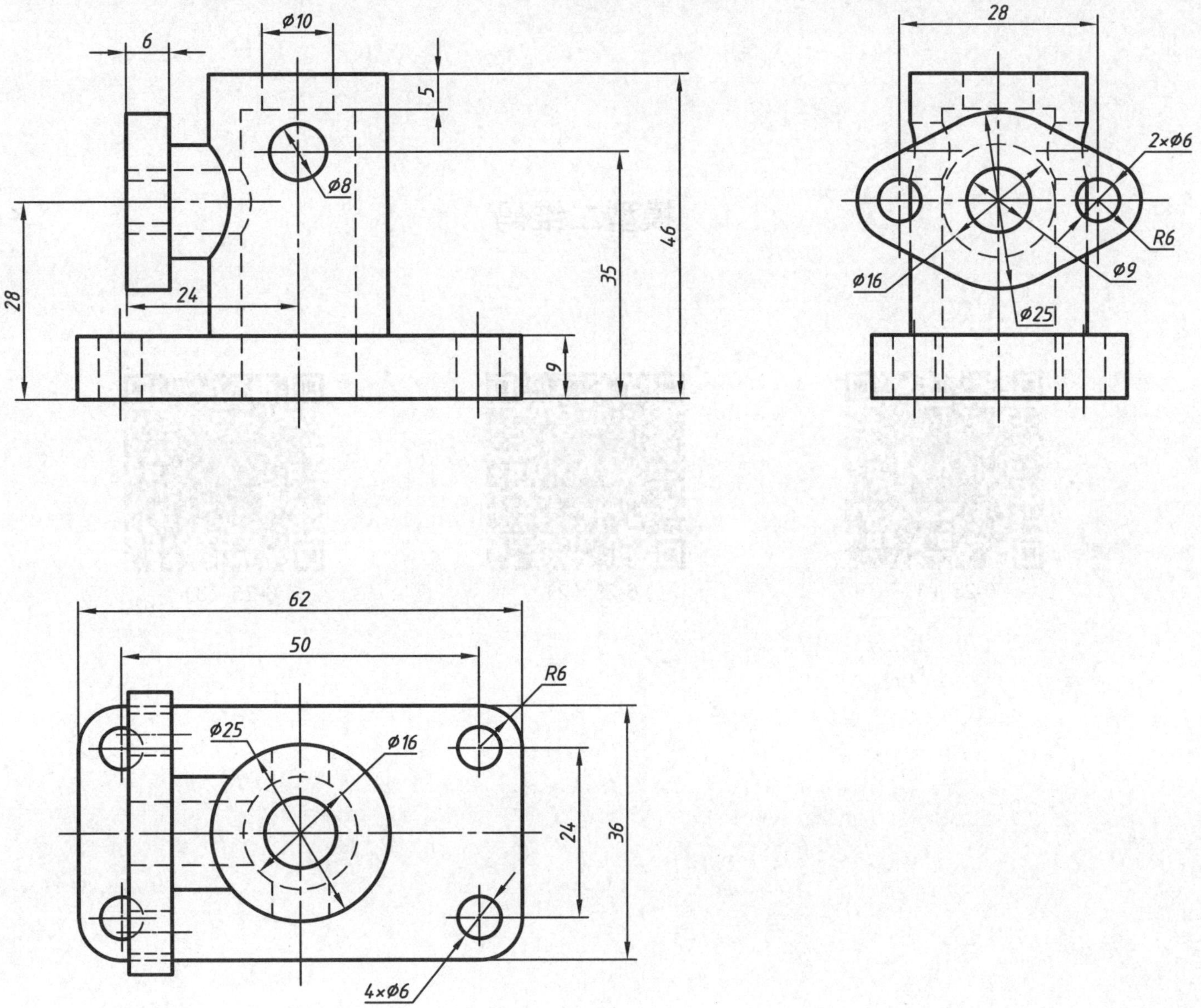
6
Ø10
5
Ø8
46
35
28
24
9
28
2×Ø6
R6
Ø9
Ø16
Ø25
62
50
R6
Ø25
Ø16
24
36
4×Ø6

模型二维码

6-25（1）

6-25（2）

6-25（3）

7-1. 以下铸造件画法中正确的是（　　　）。

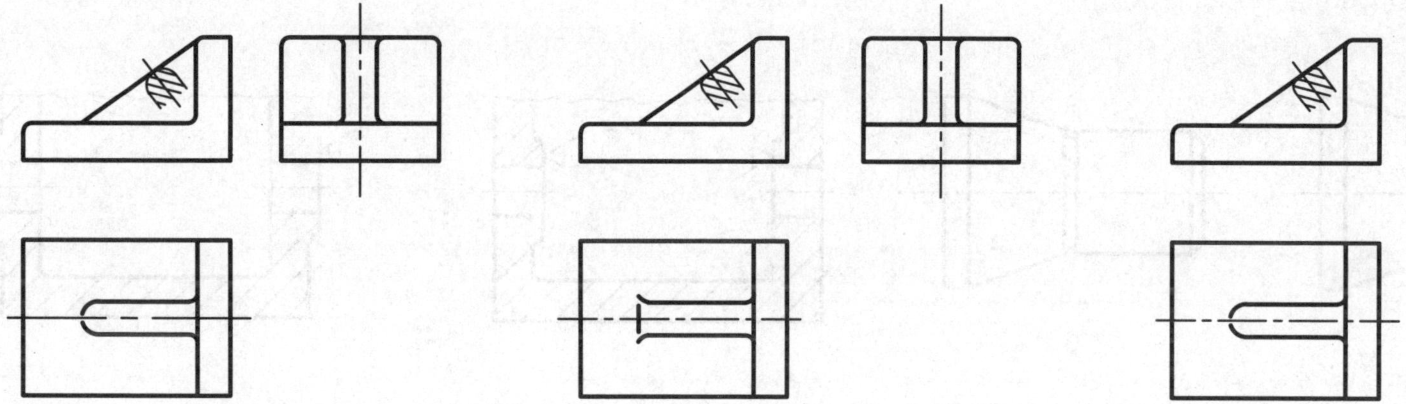

(a)　　　　(b)　　　　(c)

7-2. 补画各零件的过渡线。

(1)

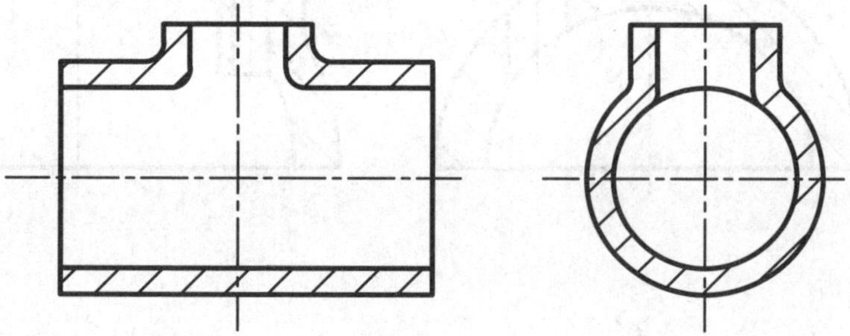

(2)

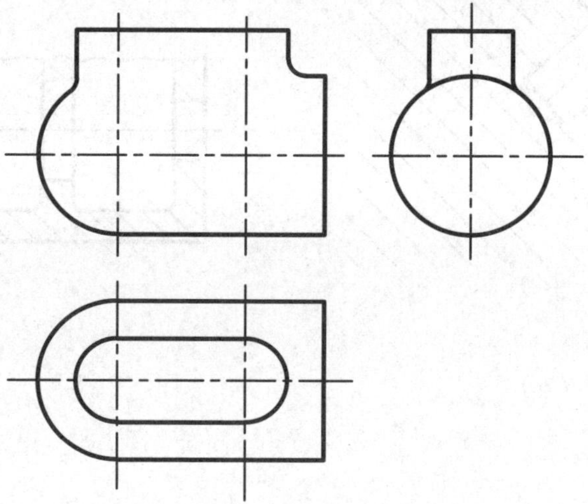

7-3. 以下机械加工零件中工艺结构合理的是（　　　　　　　）。

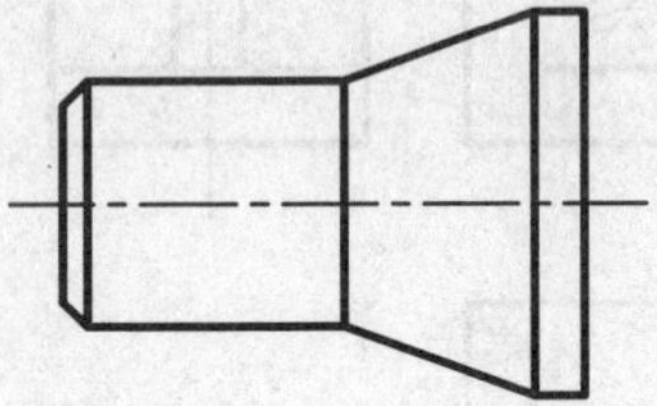

（a）

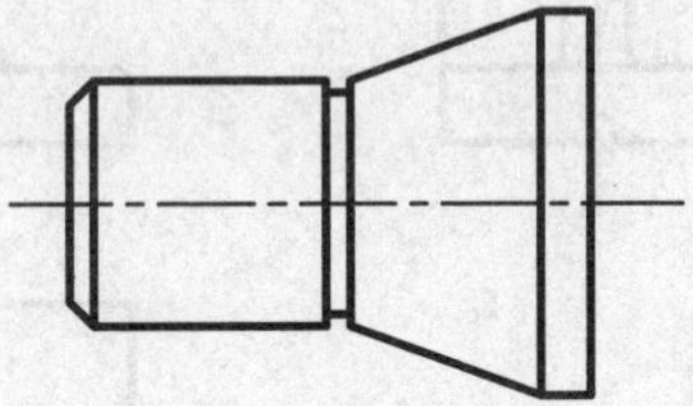

（b）

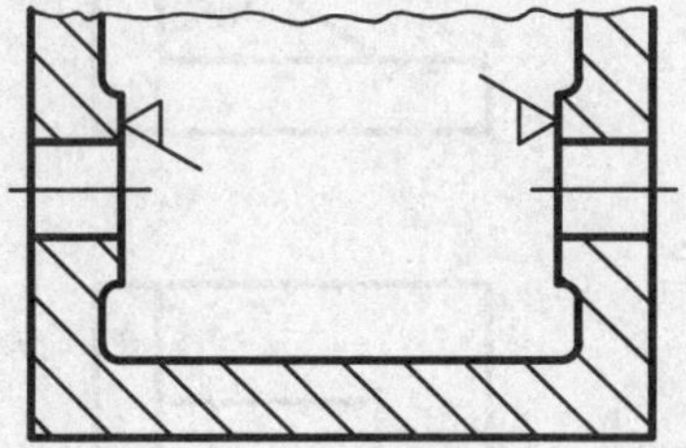

（c）

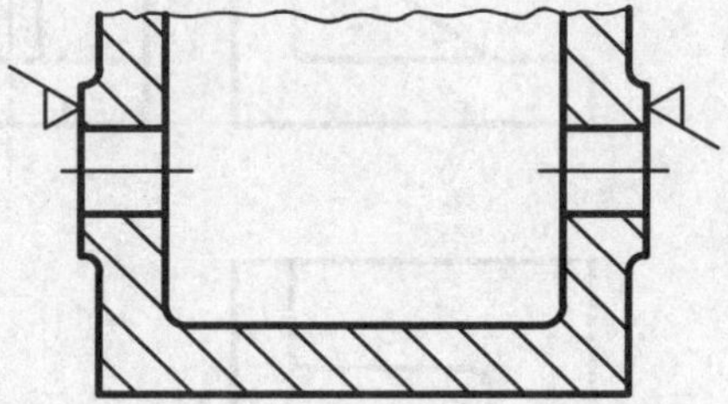

（d）

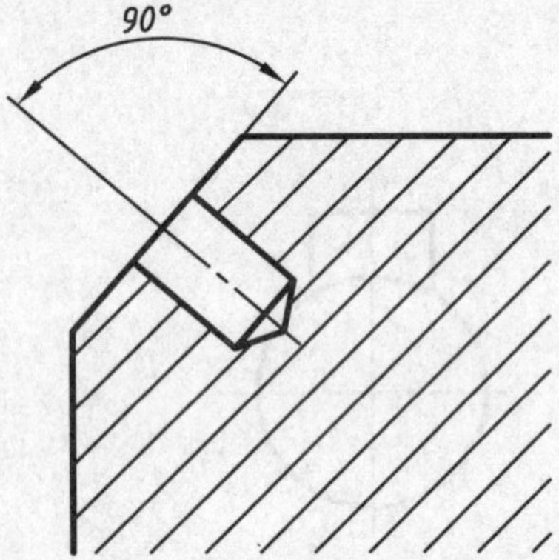


（e）

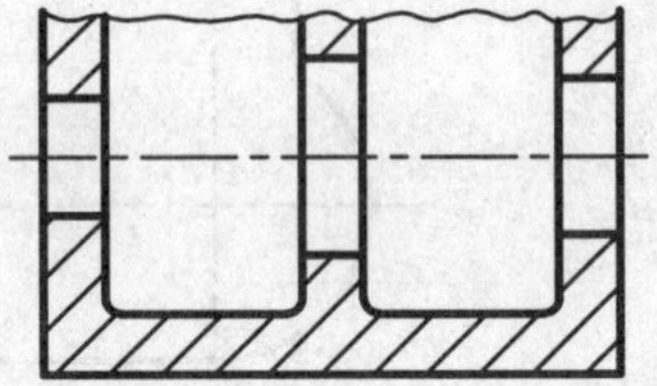

（f）

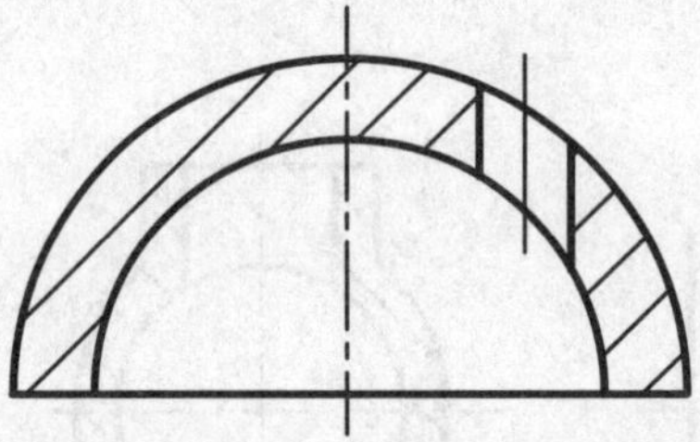

（g）

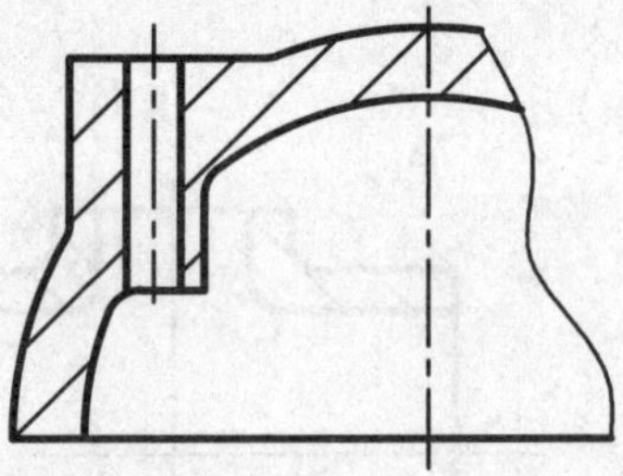

（h）

8-1. 按给定参数标注螺纹。

（1）普通螺纹，粗牙，大径16mm，螺距2mm，中径公差带代号5g，顶径公差带代号6g，长旋合长度，右旋。

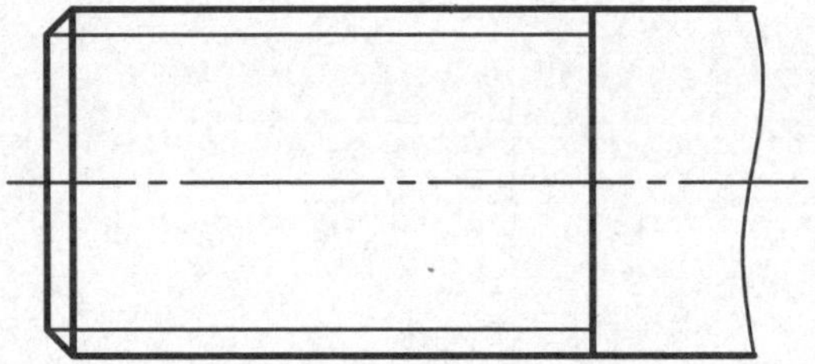

（2）普通螺纹，细牙，大径20mm，螺距2mm，中径顶径公差带代号6H，中等旋合长度，左旋。

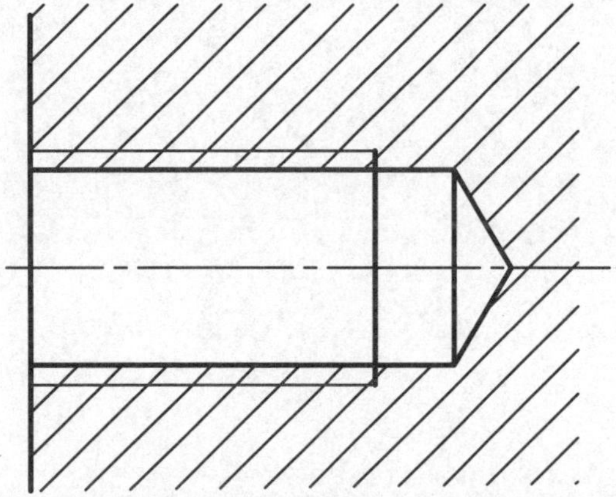

（3）梯形螺纹，公称直径32mm，导程12mm，双线，中径公差带代号7e，中等旋合长度，右旋。

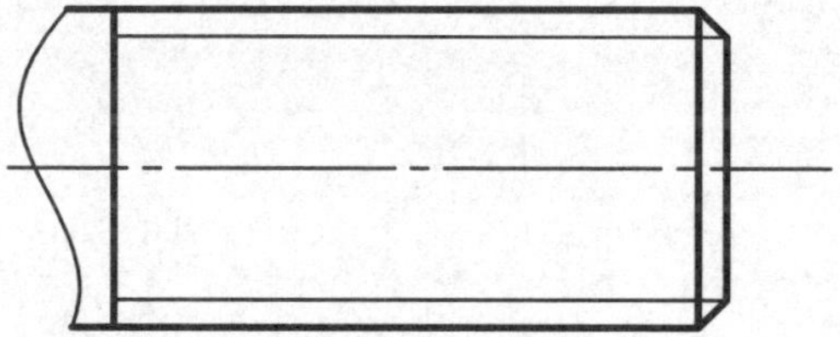

（4）非螺纹密封的管螺纹，尺寸代号1，右旋，A级。

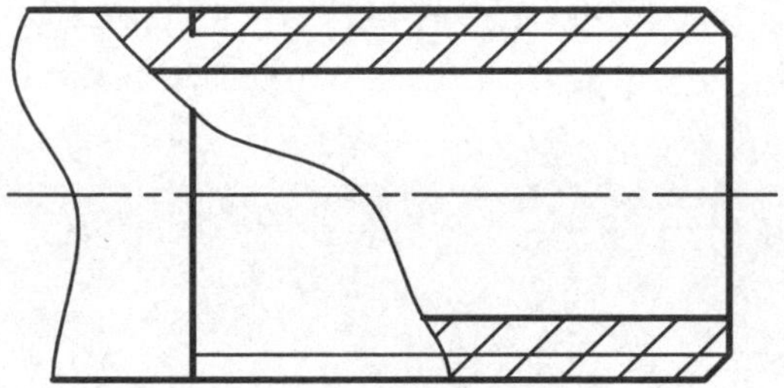

（5）用螺纹密封的管螺纹，尺寸代号1/2，右旋。

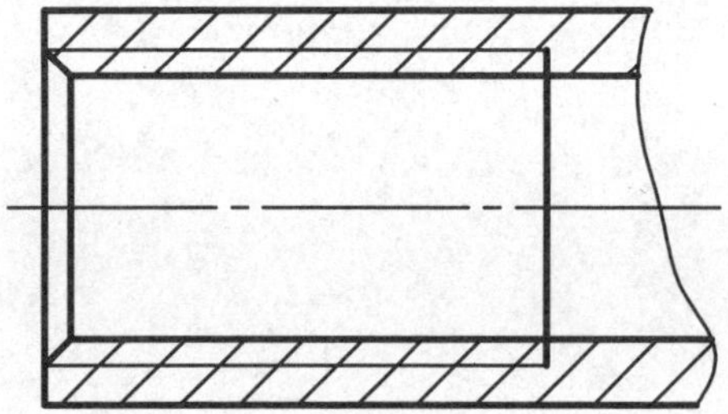

（6）用螺纹密封的管螺纹，尺寸代号3/4，右旋。

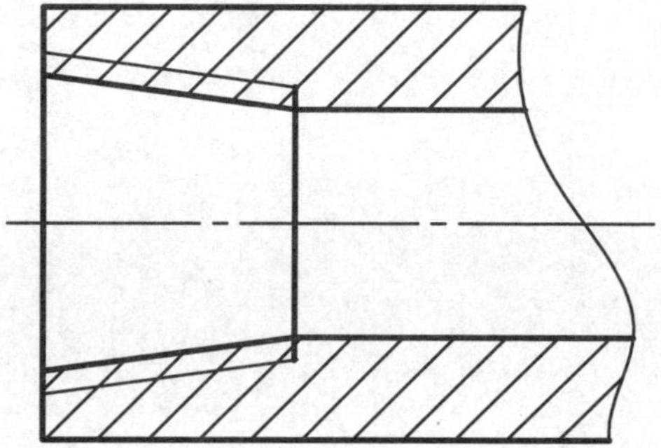

8-2. 螺纹画法练习。

（1）M24外螺纹，螺纹有效长度30mm。

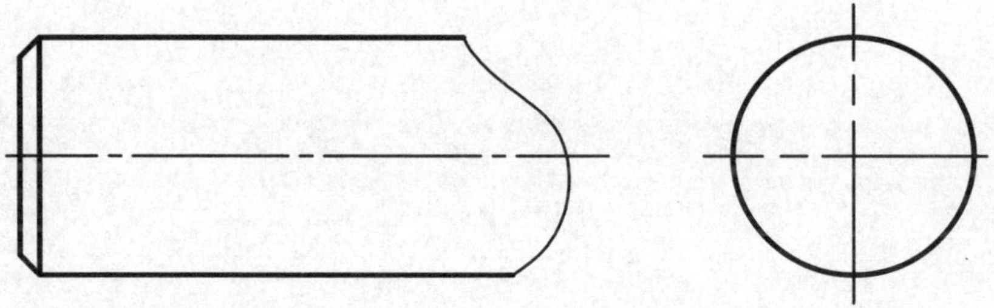

（2）M16内螺纹，螺纹有效长度30mm，钻孔深度35mm，孔口倒角$C2$。

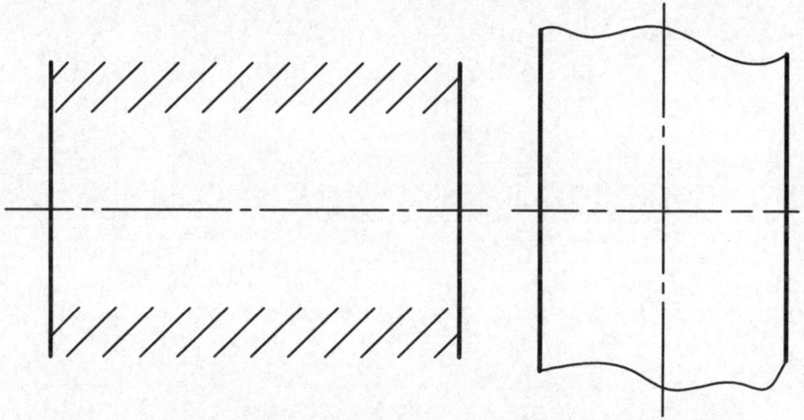

（3）M16内外螺纹连接，外螺纹旋入长度为30mm。

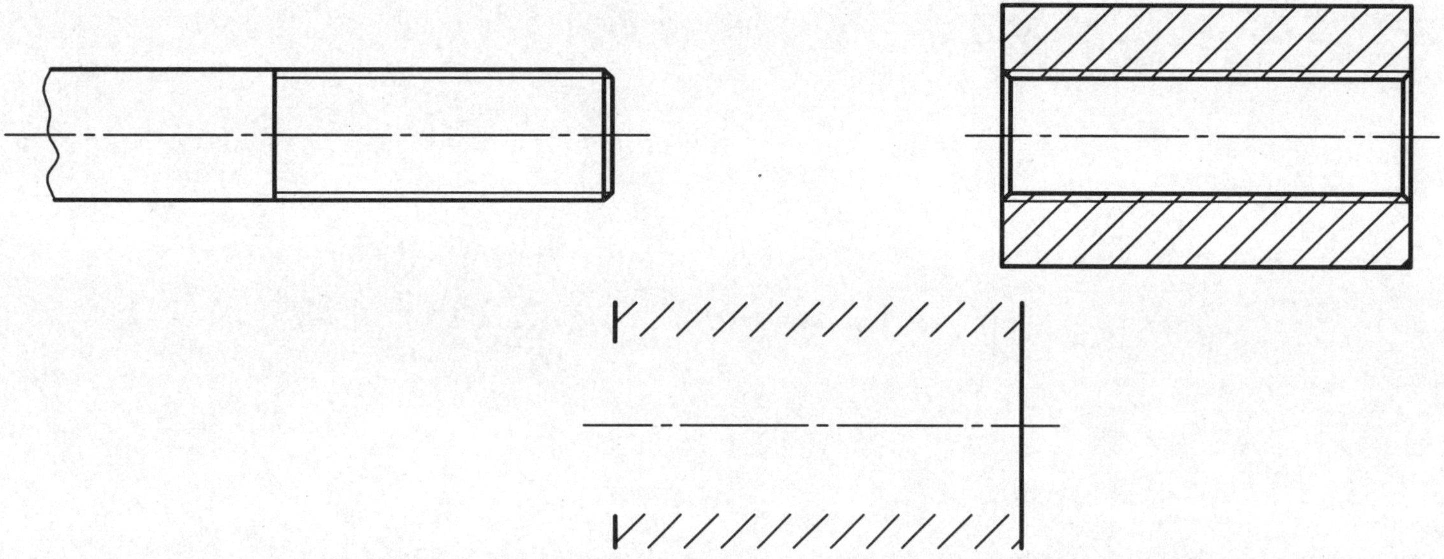

8-3. 已知双头螺柱GB/T 898—1988 M16×40($b_m=d$)，螺母GB/T 6170—2015 M16，垫圈GB/T 93—1987，用比例画法完成螺柱连接的主、俯视图。

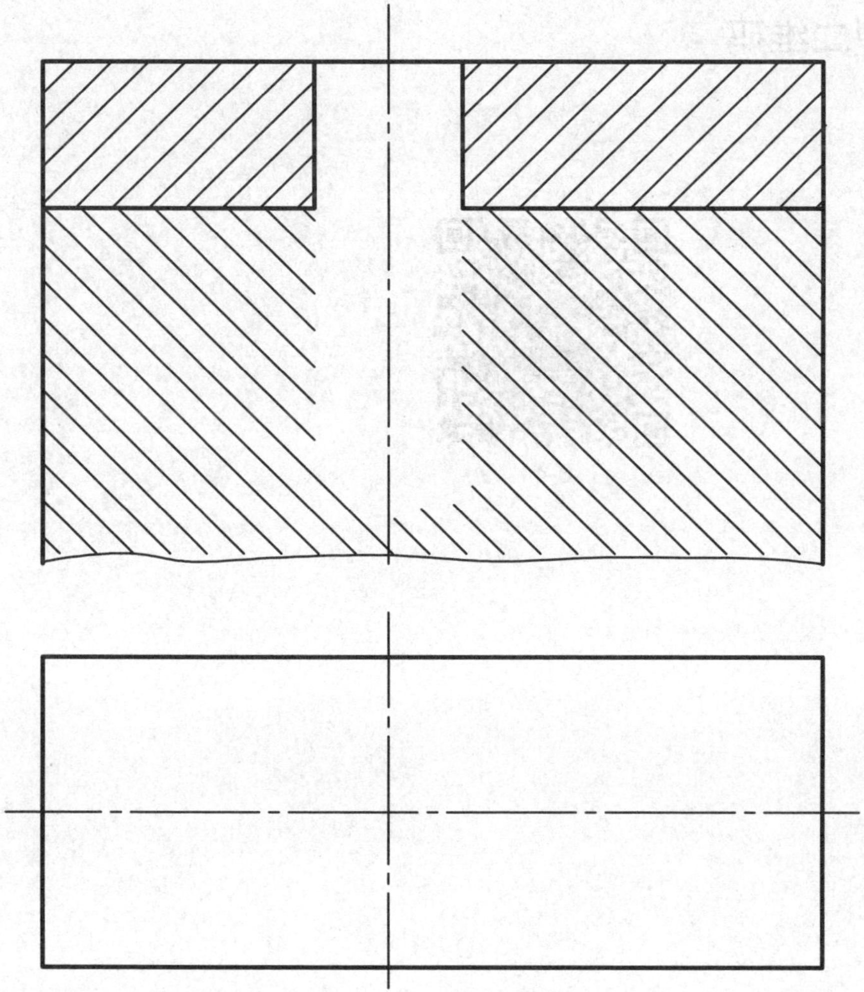

8-4. 已知螺栓GB/T 5782-2016 M16×60，螺母GB/T 6170—2015 M16，垫圈GB/T 97.1—2002，用比例画法完成螺栓连接的主、俯视图。

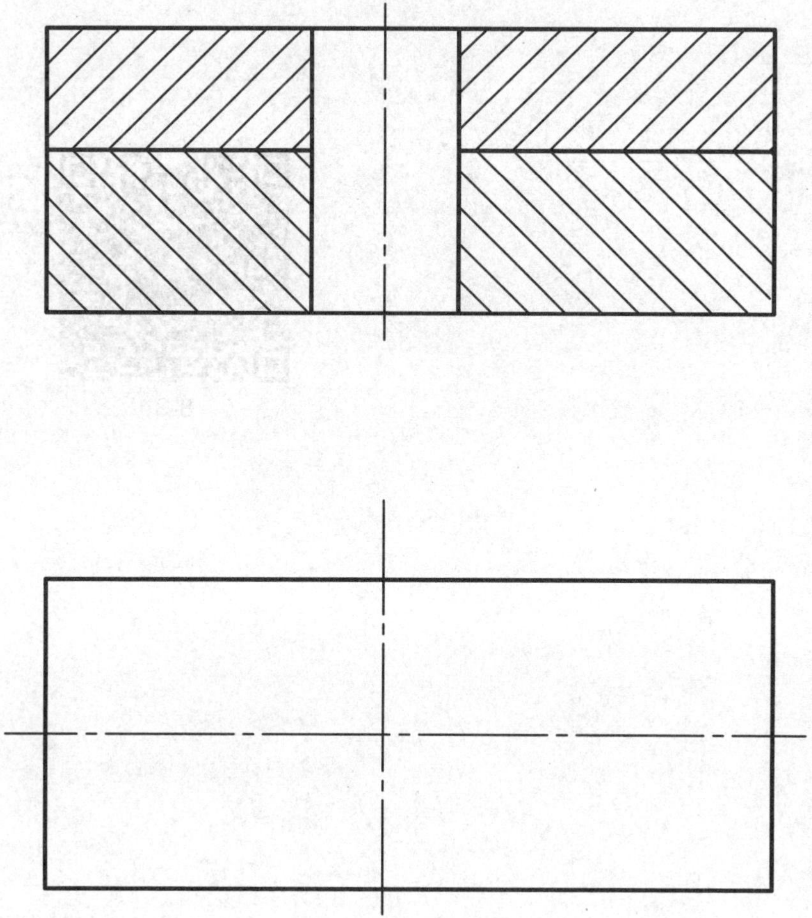

# 模型二维码

8-3

8-4

8-5. 键连接：已知轴的直径为25mm，键长为40mm。

（1）查教材附录确定轴键槽尺寸，完成下图，并标注键槽尺寸。

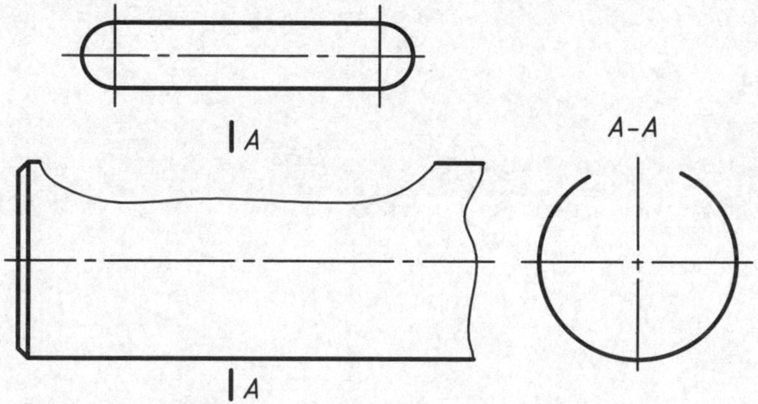


（2）查教材附录确定孔键槽尺寸，完成下图，并标注键槽尺寸。

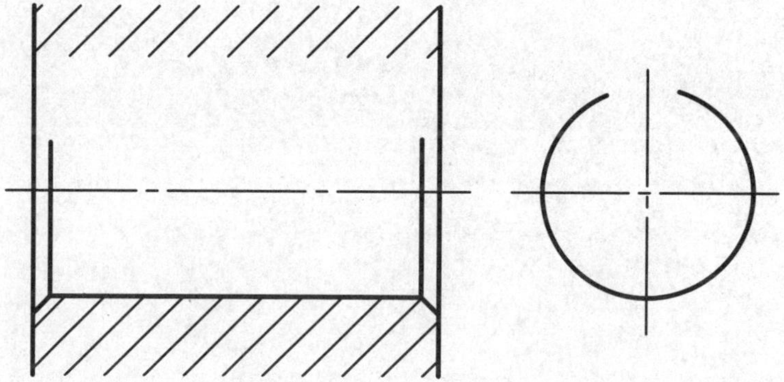

（3）将以上的轴与轴孔按查表结果画出键连接装配图。

8-6.已知直齿圆柱齿轮模数$m$=2.5，齿数$z$=30，补全主、左视图。

| | | |
|---|---|---|
| 模数 | $m$ | 2.5 |
| 齿数 | $z$ | 30 |
| 压力角 | $\alpha$ | 20° |
| 分度圆 | $d$ | |
| 齿顶圆 | $d_a$ | |
| 齿根圆 | $d_f$ | |

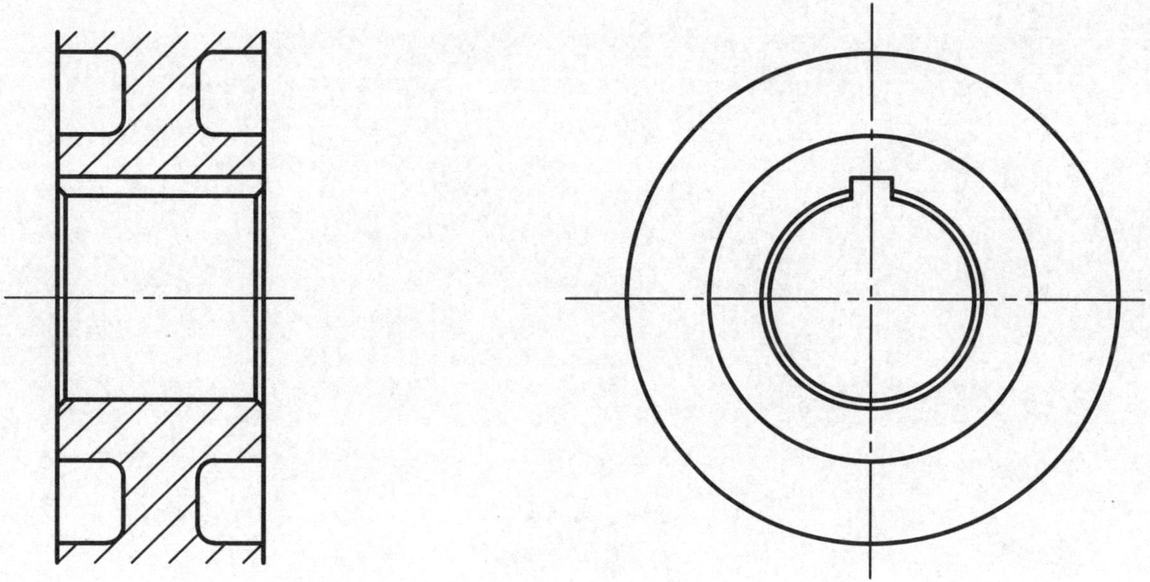

8-7. 补全一对啮合的直齿圆柱齿轮（$z_1$=18，$z_2$=36）的主、左视图。

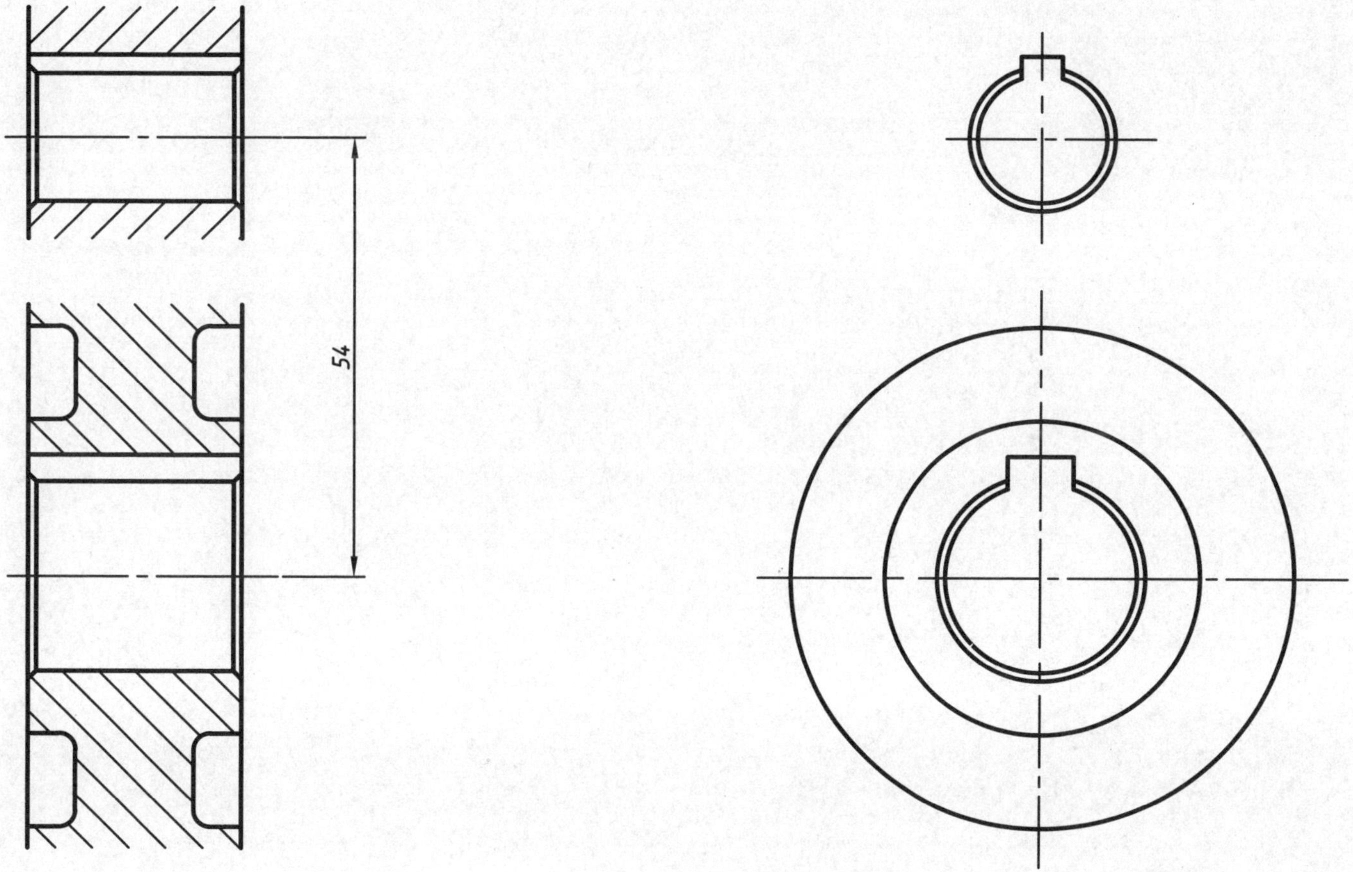

8-8. 在下面阶梯轴的 $\phi30$ 处画出滚动轴承（6006GB/T 276—2013）；在 $\phi32$ 处画出圆柱齿轮（$m$=2，$z$=55），并配上合适的普通平键，轴作局部剖视；在 $\phi24$ 处画出局部剖视的平键键槽。

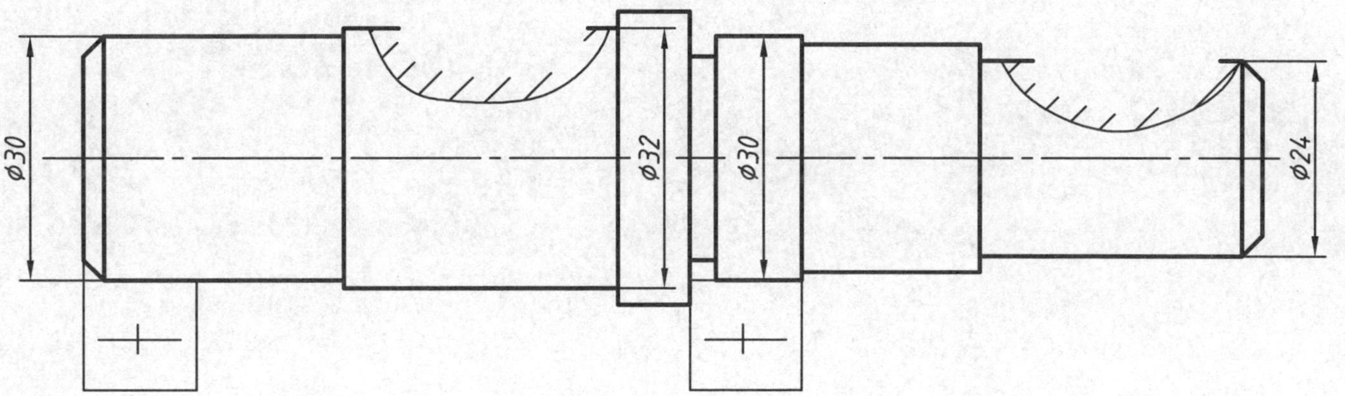

9-1. 画零件图。

### 一、 目的、内容与要求

（1）目的：熟悉零件图的内容与要求；掌握绘制零件工作图的方法。
（2）内容：任选下面一个零件绘制其零件图，或测绘由教师指定的零件。
（3）要求：对指定的零件选择适当的表达方案，完整、清晰地表达零件的结构形状，标注全部尺寸及技术要求。

### 二、 图名、图幅和比例

（1）图名：由各零件的名称确定。
（2）图幅：A3图纸。
（3）比例：由各零件的大小确定。

### 三、 绘图步骤及注意事项

（1）对所给零件进行形体分析，并选择适当的表达方案。
（2）根据给定的图幅，选择合适的比例。
（3）合理布置各视图在图纸上的位置。
（4）逐步画出零件的各个视图，并标注尺寸，完成底稿。
（5）完成底稿后，经仔细校核后加深。
（6）图面质量的要求同前面的制图作业。

（1）

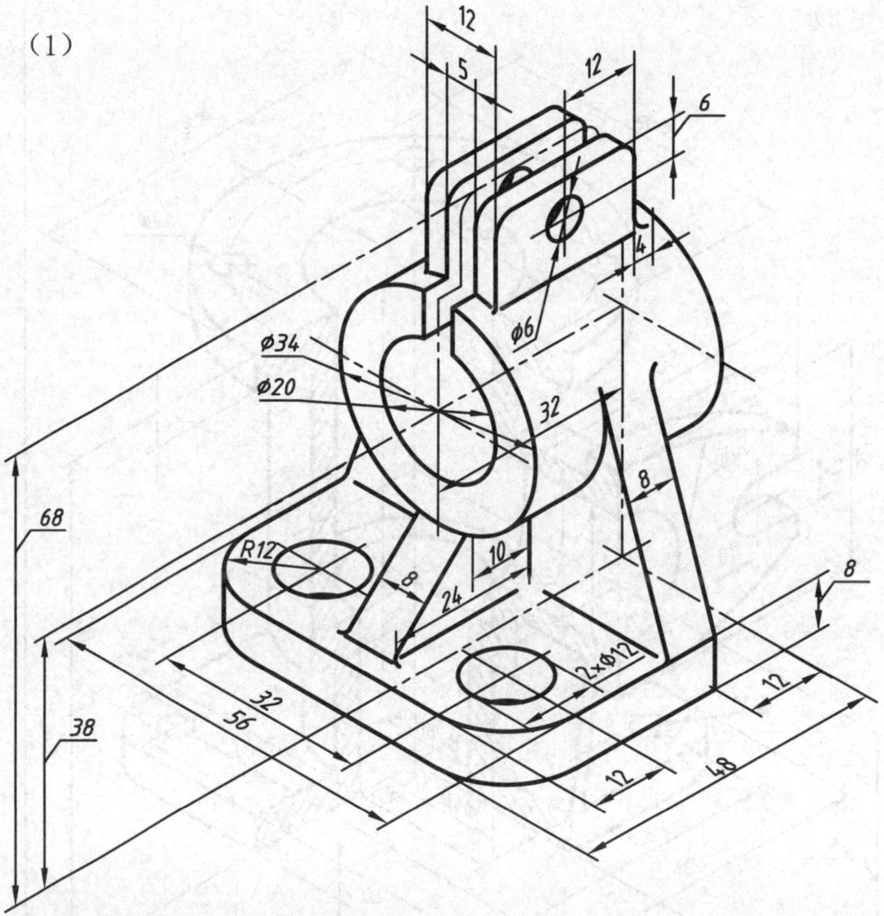


各表面*Ra*的最大允许值：
Φ20通孔内表面为3.2μm；
铣口（宽为5）两侧面为12.5μm；
2×Φ12及Φ6内表面为12.5μm；
底面为12.5μm；
其余均为铸造毛坯表面。

名称：支架
材料：HT200
未注铸造圆角*R*3。

（2）

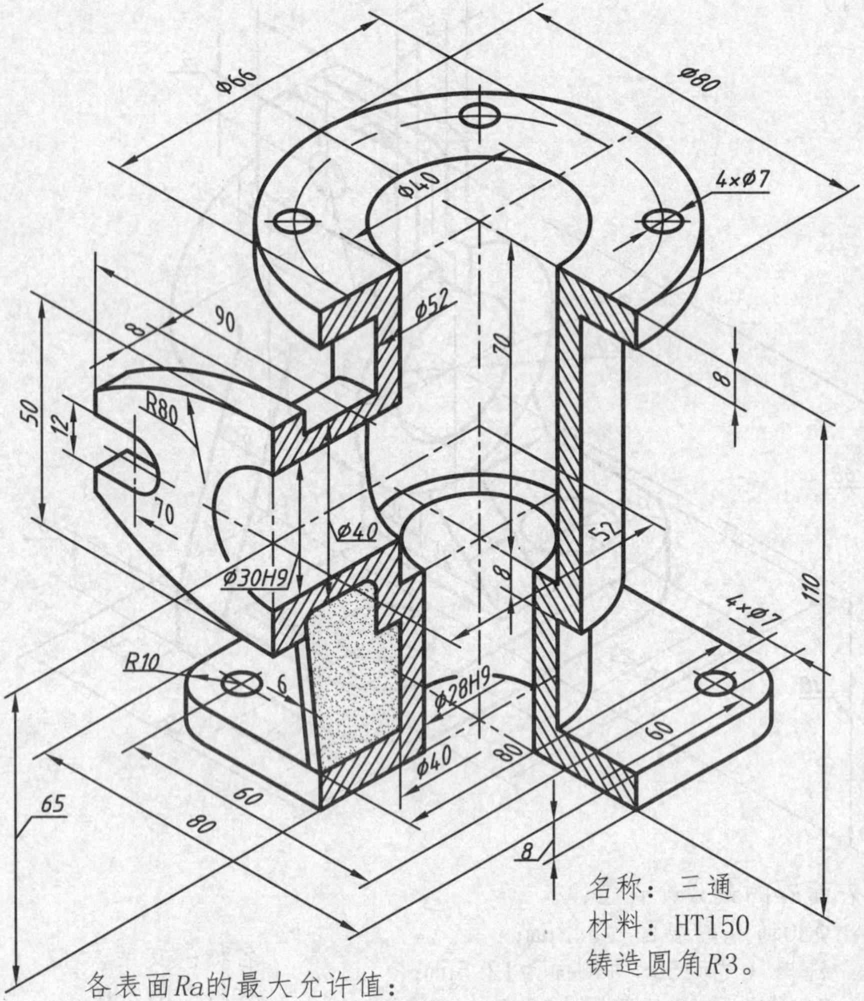


名称：三通
材料：HT150
铸造圆角$R$3。

各表面$Ra$的最大允许值：
全部主要通孔内表面为3.2μm；上表面、下表面、左端面均为12.5μm；上连接板、下连接板以及左连接板上的通孔或U型孔的表面为12.5μm；其余均为铸造毛坯表面。

9-2. 根据法兰盘零件的轴测图，按1:1绘制零件图。

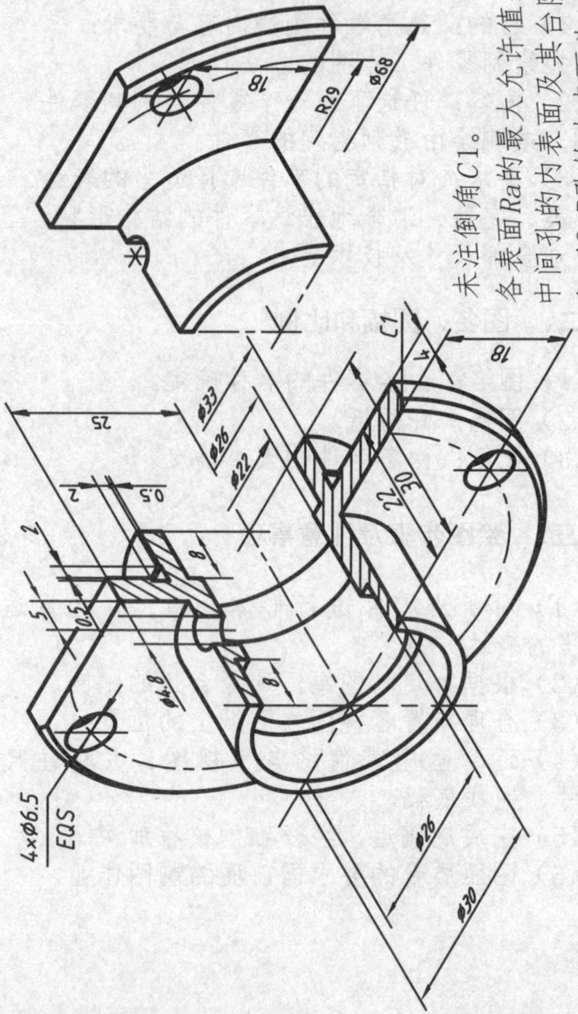


未注倒角$C$1。
各表面$Ra$的最大允许值：
中间孔的内表面及其台阶均为3.2μm；
4×Φ6.5孔的内表面为12.5μm；
各倒角表面为12.5μm；
其余表面均为6.3μm。

9-3. 根据给定的表面结构值在视图中正确地标注各表面的表面结构。

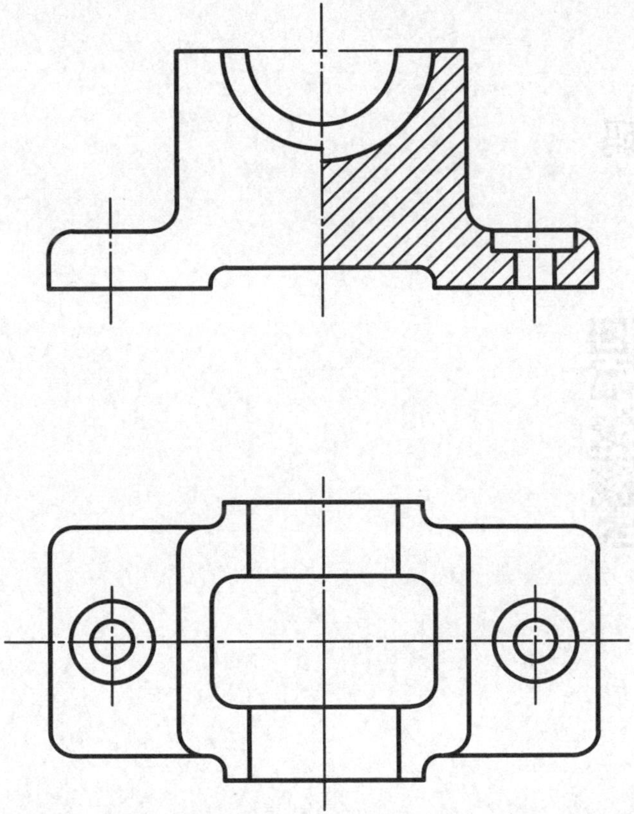

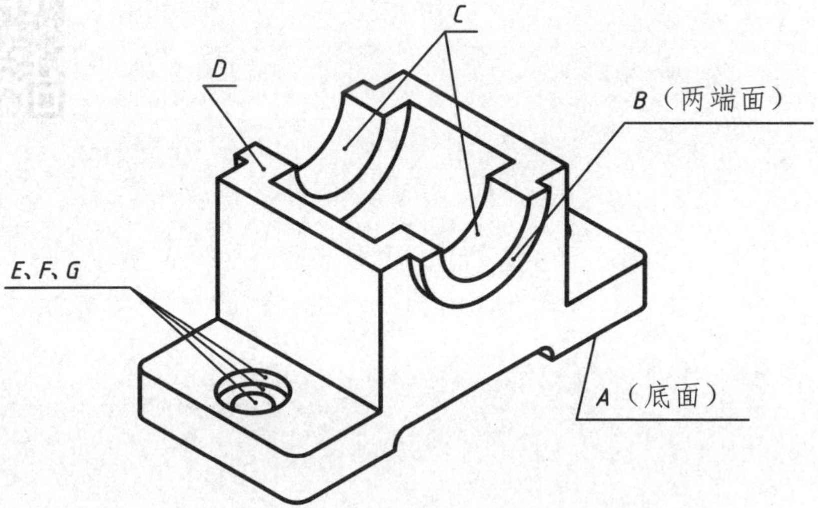


| 表面 | A、B | C | D | E、F、G | 其余 |
|---|---|---|---|---|---|
| Ra值(μm) | 12.5 | 3.2 | 6.3 | 25 | 毛坯面 |

模型二维码

9-3

9-4. 根据零件图（1）、（2）、（3），标注其装配图（4）的配合尺寸。

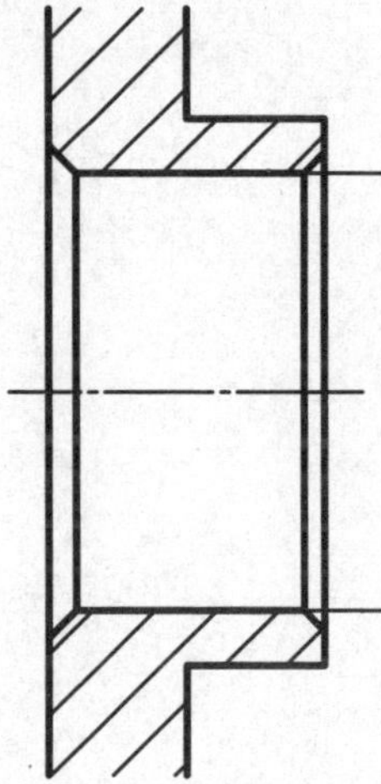


（1）

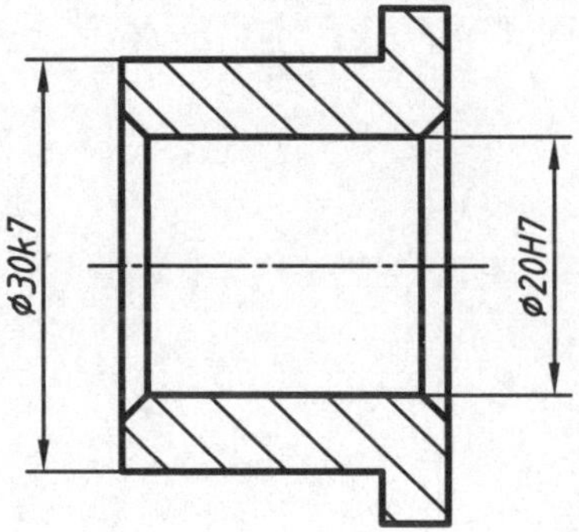


（2）

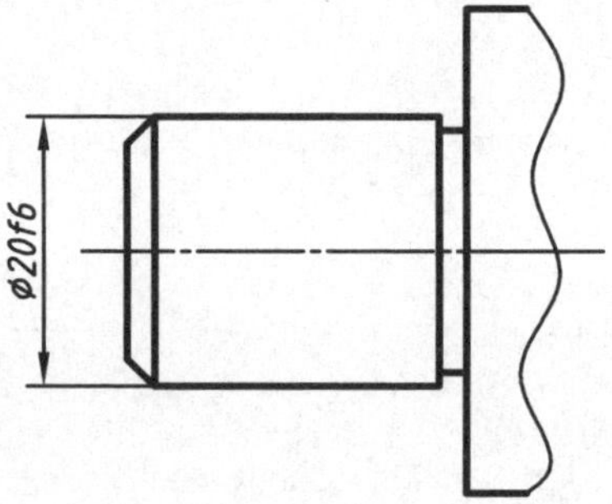


（3）

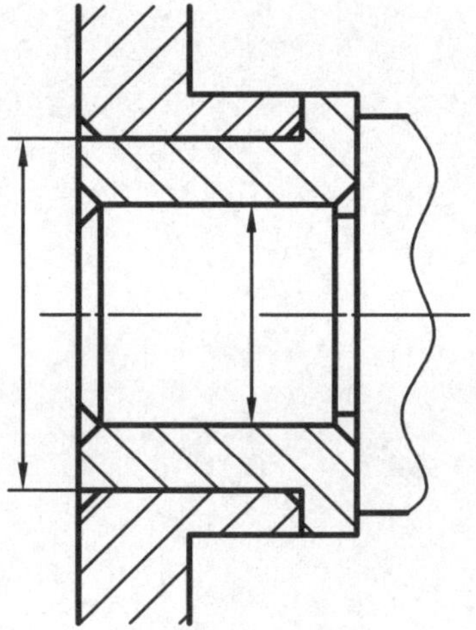

（4）

9-5. 根据轴与齿轮装配图上所标注的配合尺寸$\phi30\frac{H7}{f6}$完成下列填空，并参考教材附录查出轴与孔的偏差数值，正确地标注在轴及齿轮的零件图上。

轴与齿轮配合的基本尺寸为________；

轴与齿轮的配合为________制；

轴的基本偏差代号为______级；

公差等级为______级。

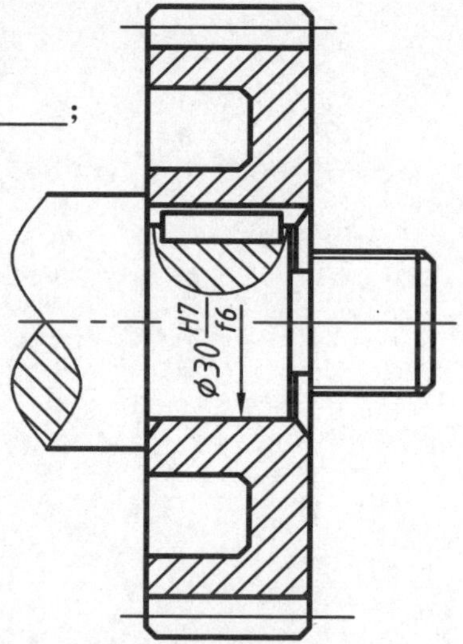


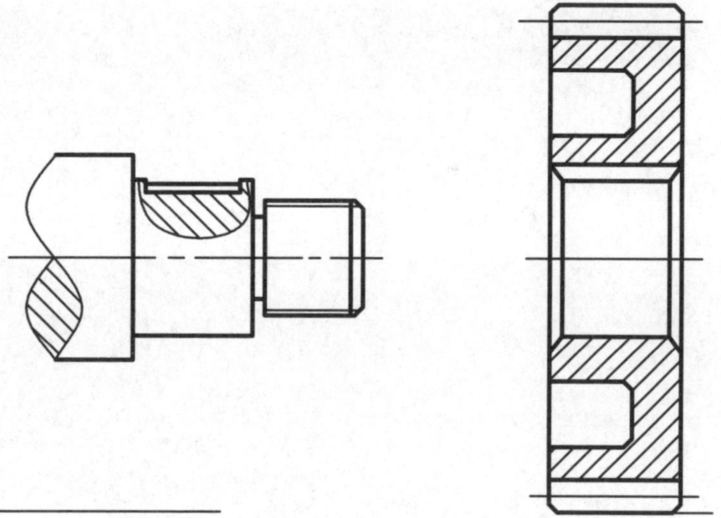

9-6. 解释所注几何公差的含义。

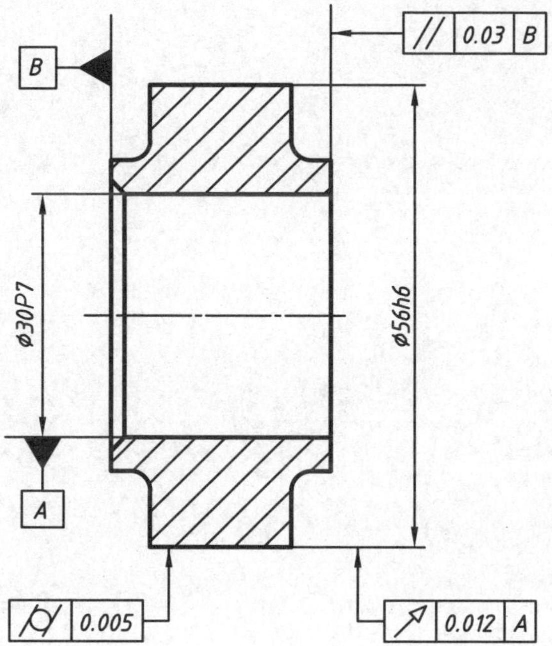


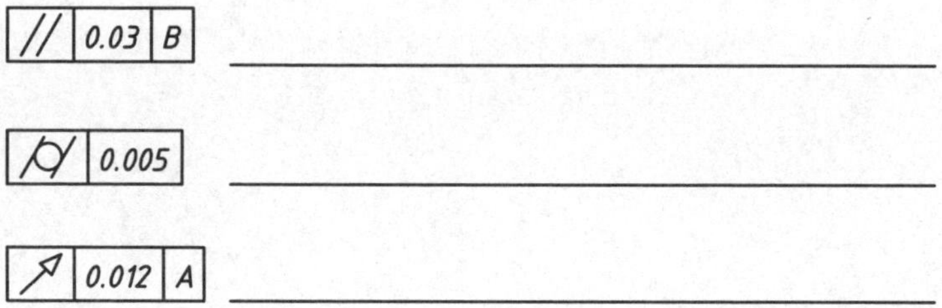


9-7. 将文字说明的几何公差及基准标注在图上。

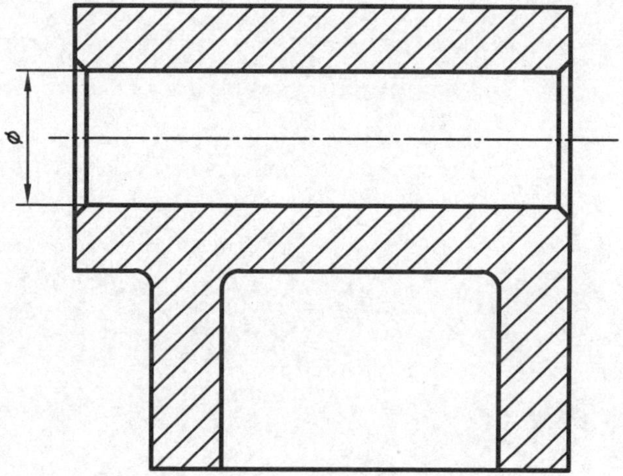


（1）孔ø的圆柱度公差为0.005；

（2）底面的平面度公差为0.02；

（3）孔ø中心线对底面（基准*A*）的平行度公差为0.03。

9-8. 分析和看懂轴的零件图，并回答下列问题。

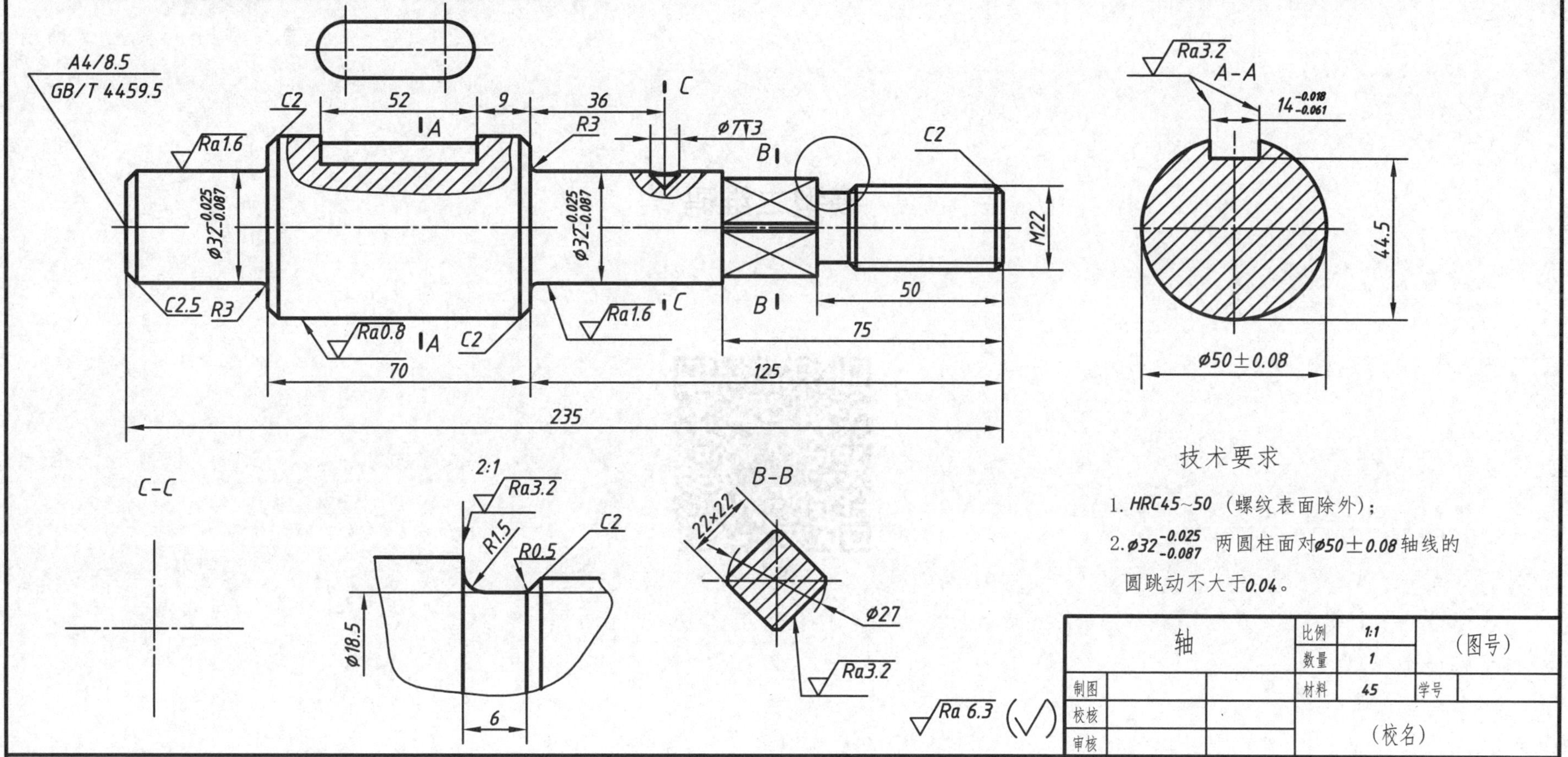


问题：

1. 此零件图共画了______个局部剖视图，______个局部视图，______个断面图。
2. 2:1表示______________________________。
3. 采用局部剖视图在于清楚表示________和________结构。
4. “B-B”断面表示______________________________。
5. 在图上标出轴向尺寸的主要基准和辅助基准。
6. $14^{-0.018}_{-0.061}$ 用公差代号表示为____________。
7. 把用文字说明的几何公差，用代号和框格形式注在图上。
8. 图中表面结构Ra值最大为______，最小为________。
9. 在指定位置画出“C-C”断面图。

模型二维码

9-8

9-9. 分析和看懂端盖零件图，并回答下列问题。

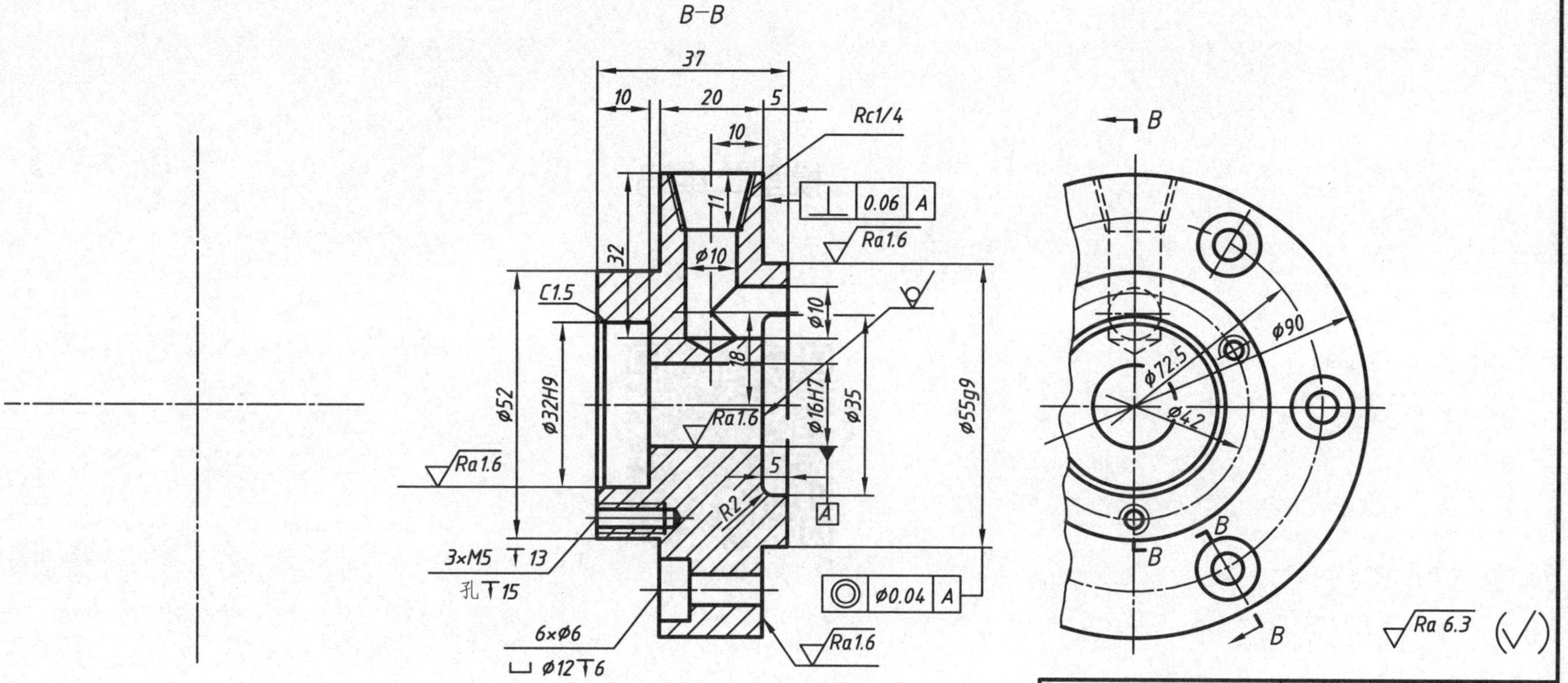


技术要求

1. 铸件不得有砂眼、裂纹；
2. 锐边倒角 C1。

| | | | | | | |
|---|---|---|---|---|---|---|
| 端 盖 | | | 比例 | 1:1.5 | （图号） | |
| | | | 数量 | 1 | | |
| 制图 | | | 材料 | HT150 | 学号 | |
| 校核 | | | （校名） | | | |
| 审核 | | | | | | |

问题：

1. 主视图是____剖视图，采用_____剖切方法，为何采用这种剖切方法？
________________________________________。
2. 轴向尺寸以_____面为主要基准，_____面为辅助基准。
3. ϕ16H7的含义为________________________________；
ϕ55g9的含义为________________________________。
4. ◎ ϕ0.04 A 表示________________________________；
⊥ 0.06 A 表示________________________________。
5. 图中 Ra1.6 有____处，它表示________________________________。
6. M5螺孔有_____个，深度是________。
7. 图中沉孔有____个，他们的尺寸是________________。
8. 在图中指定位置画出右视图（外形图）。

模型二维码

9-9

9-10. 分析和看懂泵体零件图，并回答下列问题。

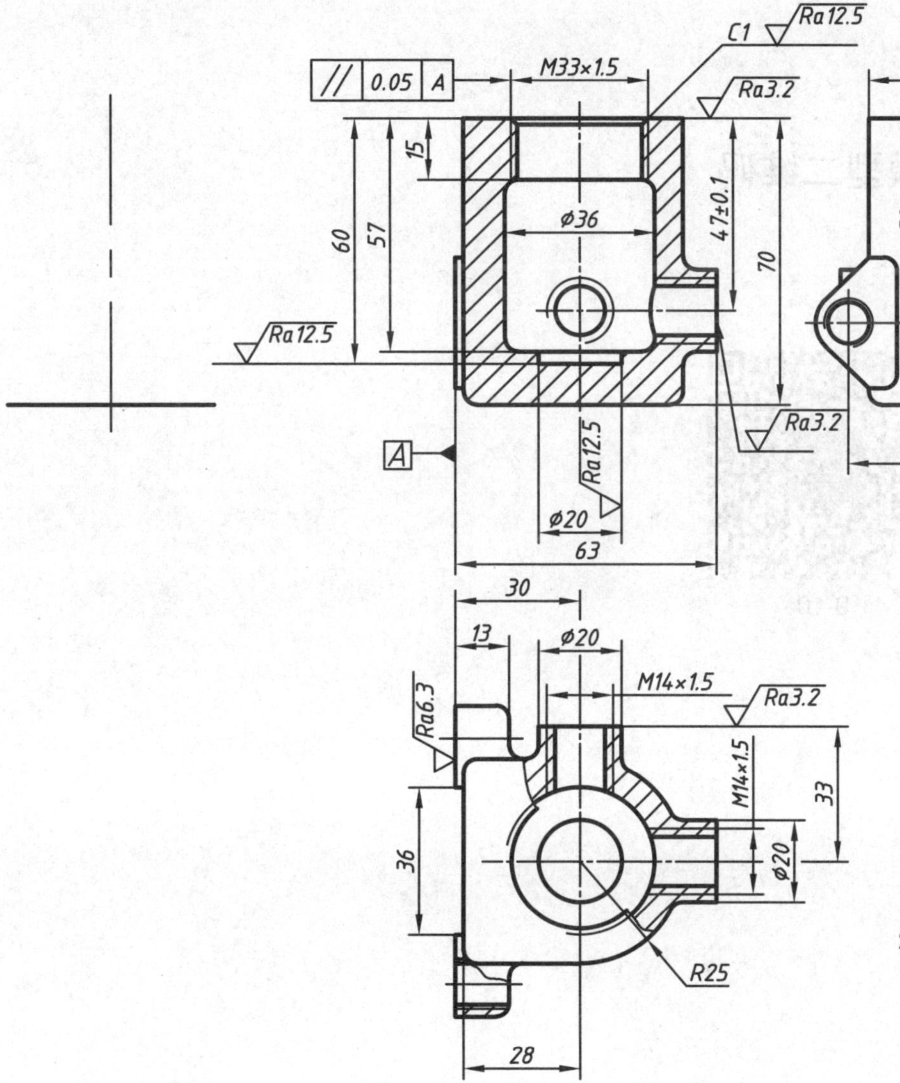


技术要求

1. 未注圆角R3；

2. 铸件表面清砂、喷防锈漆。

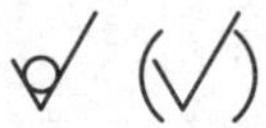

问题：

1. 主视图采用何种剖视图？剖切平面在什么位置？为什么不标注剖切符号？

______________________________

______________________________。

2. 俯视图采用何种剖视图，有几处？

______________________________

______________________________。

3. 长、宽、高方向上尺寸的主要基准分别为________、________、

________________。

4. // 0.05 A 表示________________

______________________________

________________。

5. 零件上哪些是主要尺寸？

______________________________

6. 零件上有______个带螺纹的孔，它们的尺寸分别为________________

______________________________

______________________________。

7. 补画出右视图（外形图）。

| 泵体 | | 比例 | 1:2 | （图号） |
|---|---|---|---|---|
| | | 数量 | | |
| 制图 | | 材料 | HT150 | 学号 |
| 校核 | | （校名） | | |
| 审核 | | | | |

模型二维码

9-10

9-11. 读零件图（指出长、宽、高三个方向的主要尺寸基准；补画左视图）。

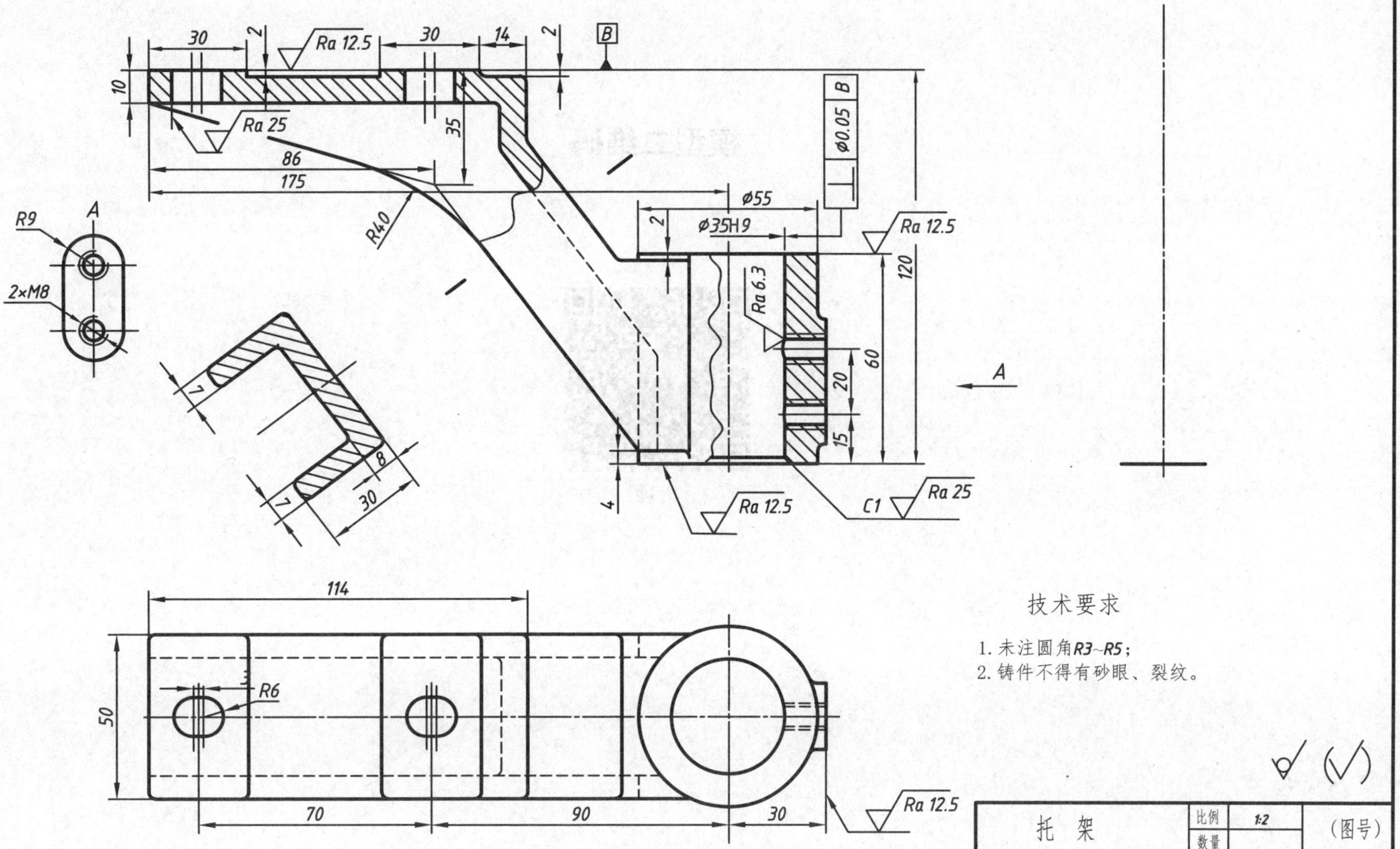


技术要求

1. 未注圆角R3~R5；
2. 铸件不得有砂眼、裂纹。

| | | | | | |
|---|---|---|---|---|---|
| 托　架 | | 比例 | 1:2 | （图号） | |
| | | 数量 | | | |
| 制图 | | 材料 | HT200 | 学号 | |
| 校核 | | （校名） | | | |
| 审核 | | | | | |

模型二维码

9-11

10-1. 下图表示零件之间的装配关系，指出哪些是不合理的，为什么？

（1）

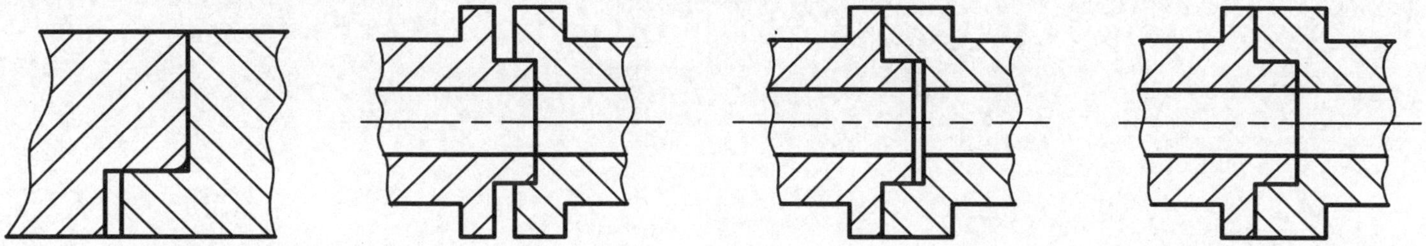

（a）　　（b）　　（c）　　（d）

答案 ________________________________

（2）

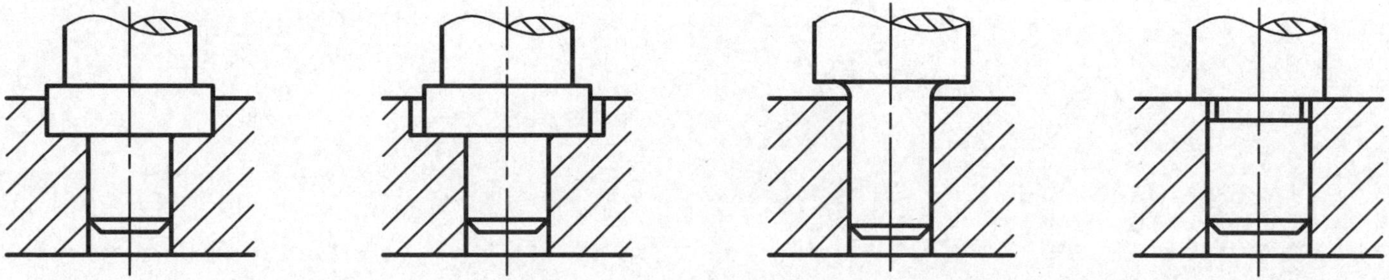

（a）　　（b）　　（c）　　（d）

答案 ________________________________

（3）

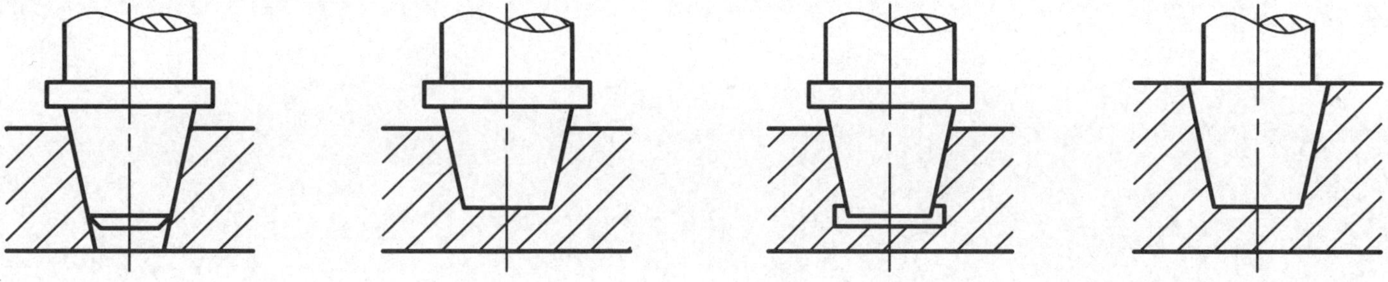

（a）　　（b）　　（c）　　（d）

答案 ________________________________

10-2. 由零件图画装配图。

1. 画轴架和带轮的装配图。

装配关系：轴4配以轴衬3后与轴架5装配。带轮1用键8连接于轴上，轮的两侧衬以垫片2和垫圈6，并用螺母7紧固。

装配示意图如下：

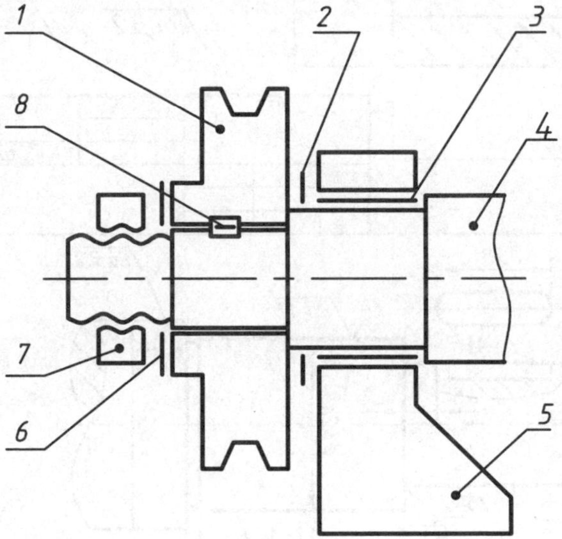


6垫圈GB/T 97.1—2002 24-140 HV
7螺母GB/T 6170—2015 M24
8键GB/T 1095—2003 8×28

作业要求：

（1）看懂各零件的零件图（见本页和下页），了解各零件的装配位置及作用。所有标准件的尺寸按示意图给定的代号查阅教材附录得到。

（2）按1:1在A4图纸上画轴架和带轮的装配图。

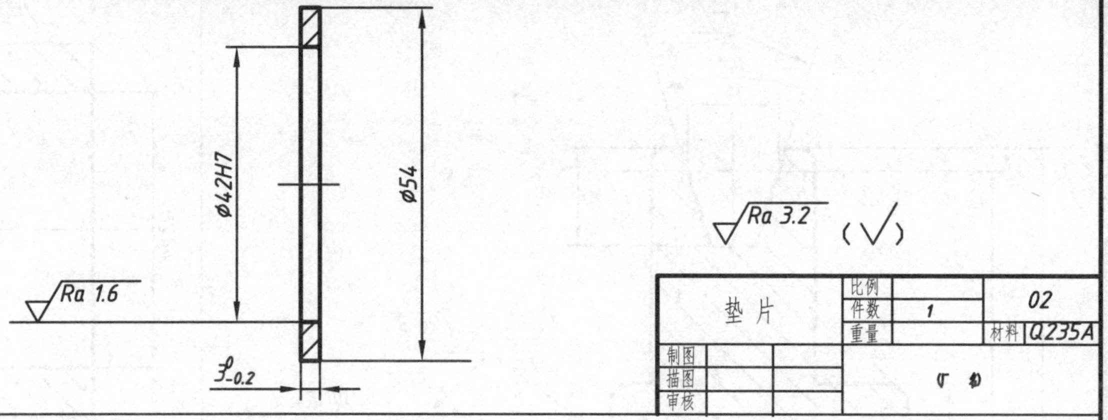


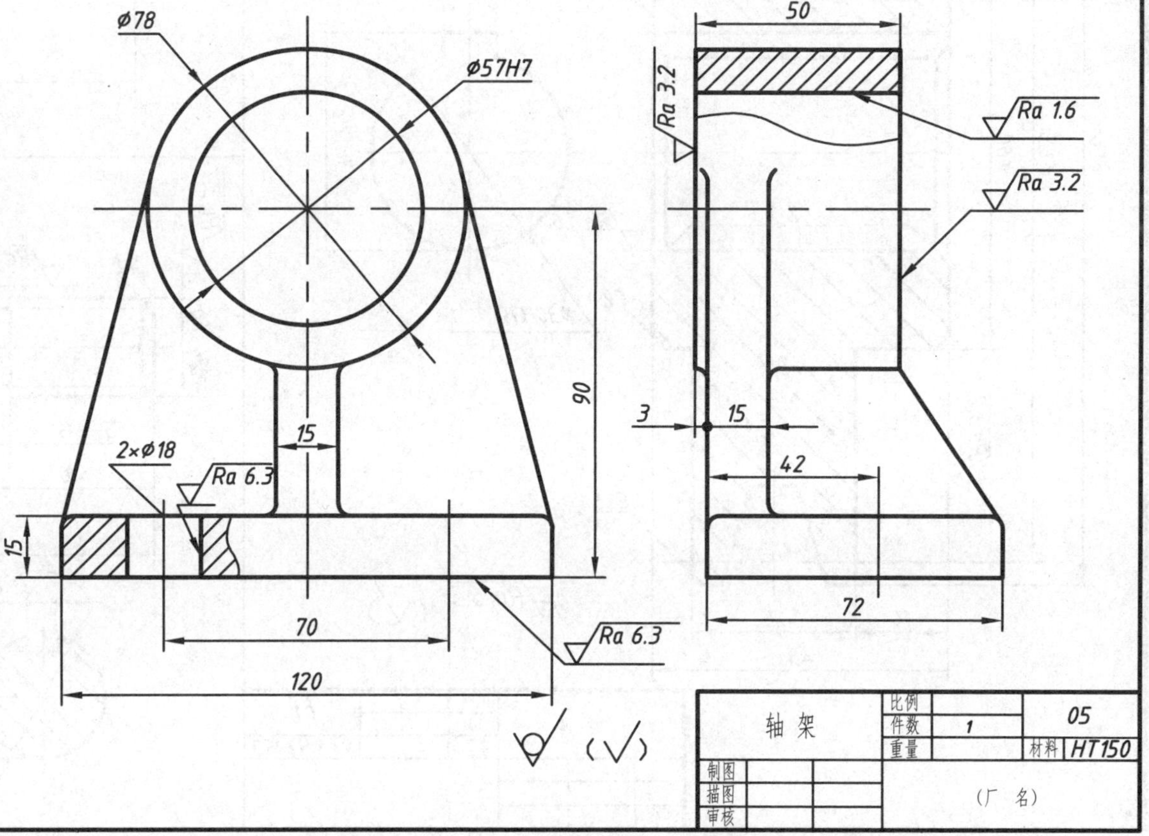

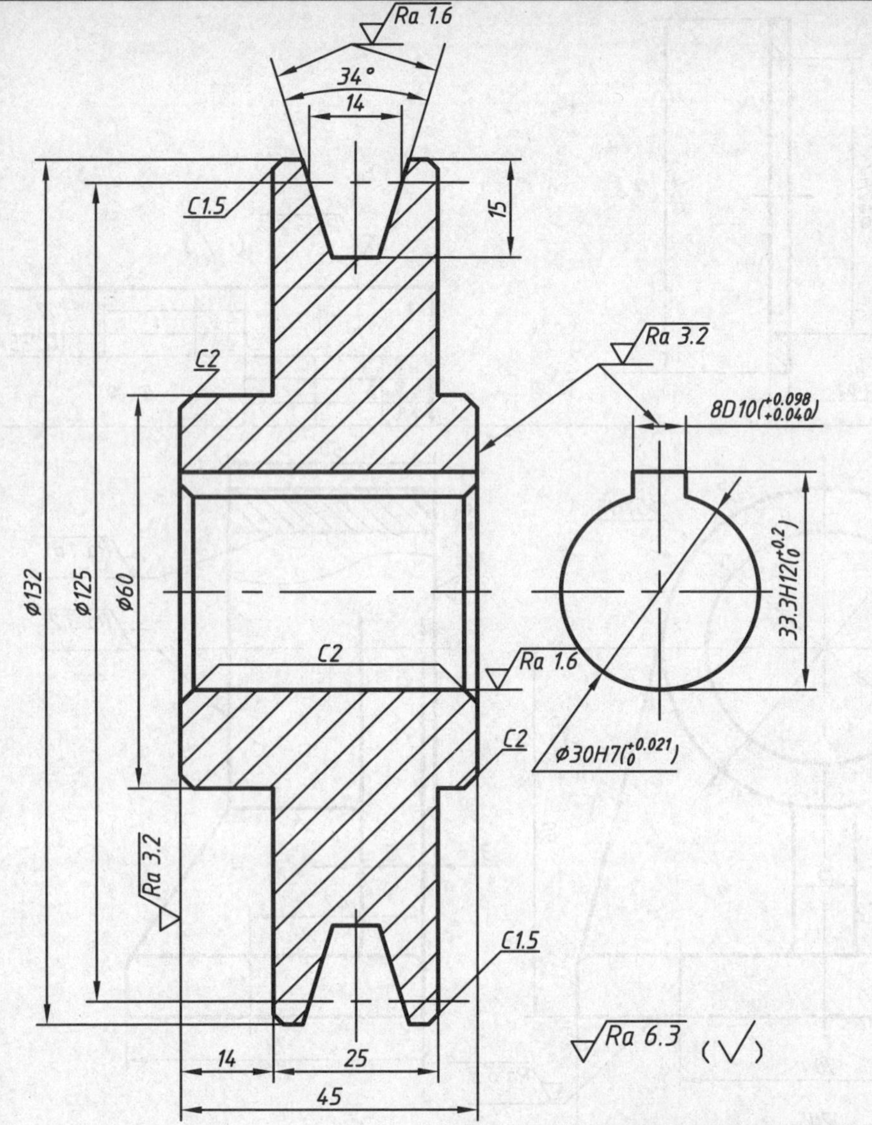


| 带轮 | 比例 | | 01 | |
|---|---|---|---|---|
| | 件数 | 1 | | |
| | 重量 | | 材料 | HT150 |
| 制图 | | | (厂 名) | |
| 描图 | | | | |
| 审核 | | | | |

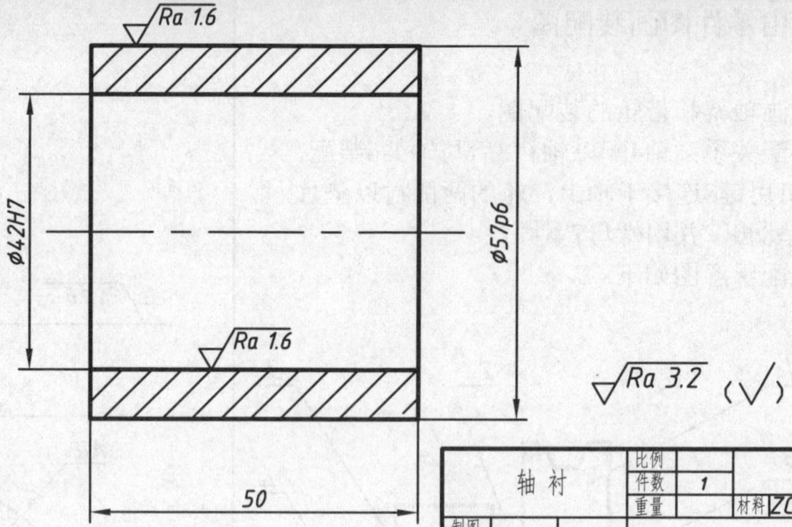


| 轴衬 | 比例 | | 03 | |
|---|---|---|---|---|
| | 件数 | 1 | | |
| | 重量 | | 材料 | ZCuAl9Mn2 |
| 制图 | | | (厂 名) | |
| 描图 | | | | |
| 审核 | | | | |

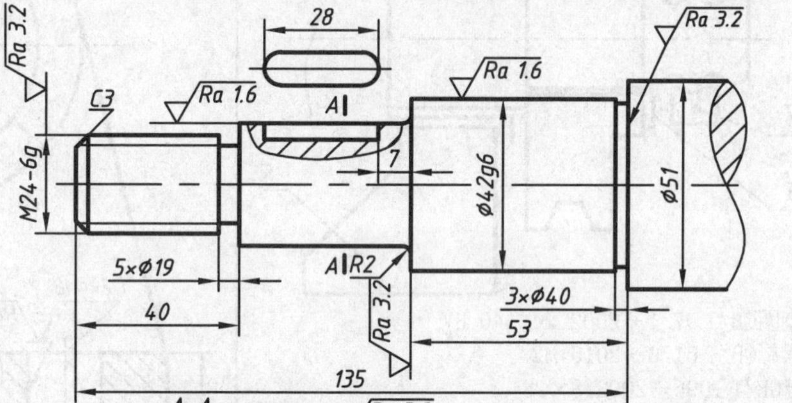


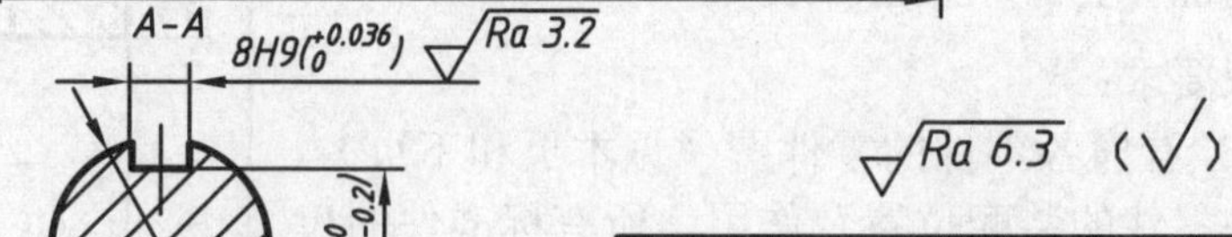


| 轴 | 比例 | | 04 | |
|---|---|---|---|---|
| | 件数 | 1 | | |
| | 重量 | | 材料 | 30 |
| 制图 | | | (厂 名) | |
| 描图 | | | | |
| 审核 | | | | |

2. 画千斤顶的装配图。

工作原理和装配关系：

该千斤顶是一种手动起重、支撑装置。扳动绞杠2转动螺杆4，则由于螺杆4、螺套3间的螺纹作用，可使螺杆4上升或下降，从而起到起重和支撑的作用。

千斤顶底座5上装有螺套3，螺套3与底座5间由螺钉6固定。螺杆4和螺套3上有方牙螺纹，起传动作用。螺杆上部穿有绞杠2。螺杆4与顶垫1之间由螺钉7定位。装配示意图如下：

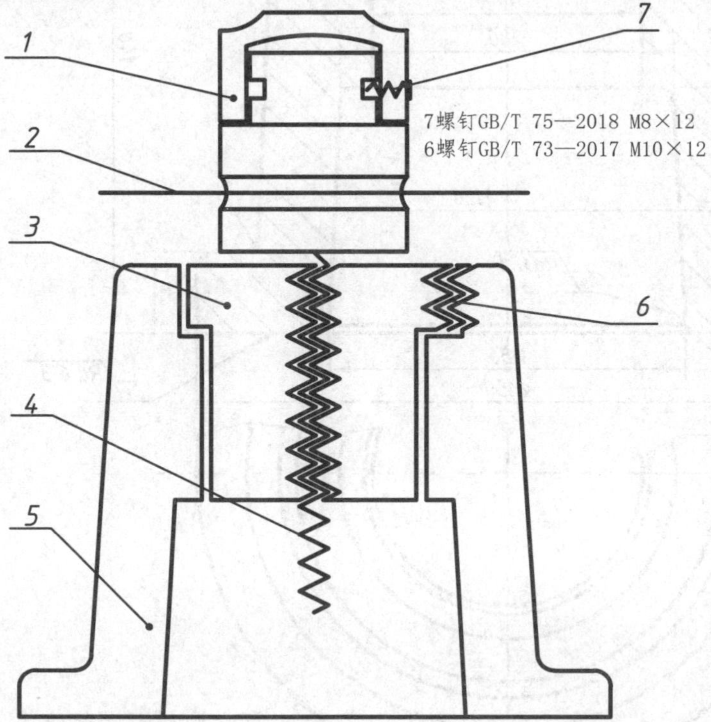


作业要求：

（1）看懂千斤顶的全套零件图（见本页和下页），了解各零件的装配位置及作用。所有标准件的尺寸，按示意图给定的代号查阅教材附录得到。

（2）按1:1在A3图纸上画千斤顶的装配图。

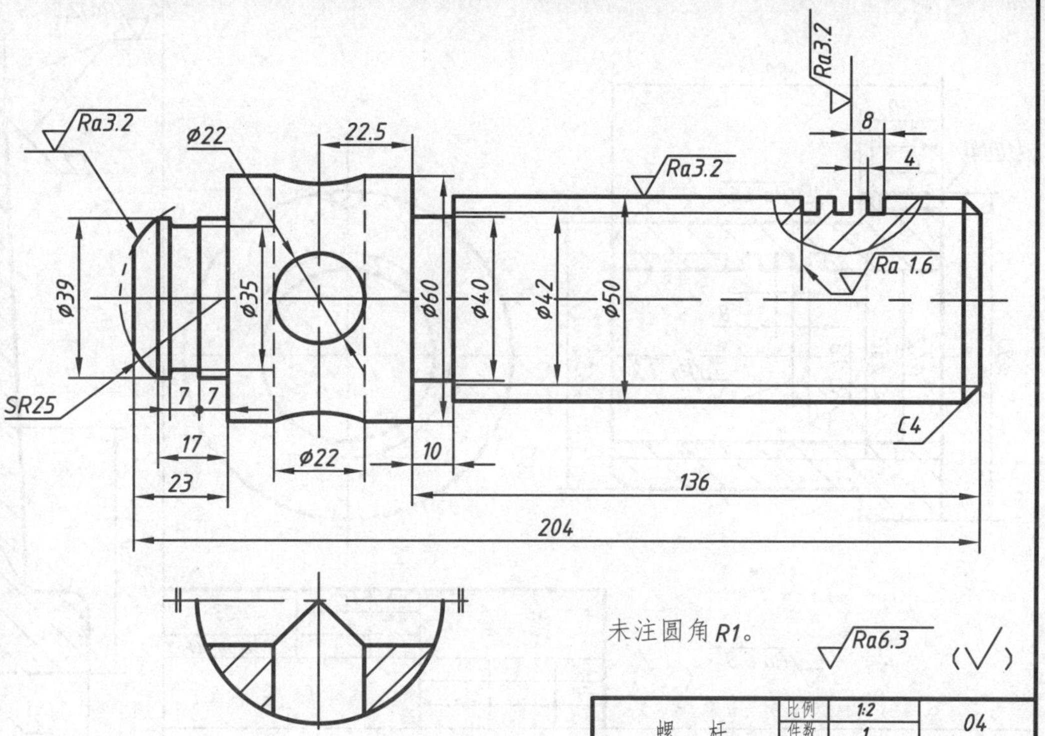


未注圆角R1。 Ra6.3 (√)

| 螺　杆 | 比例 | 1:2 | 04 | |
|---|---|---|---|---|
| | 件数 | 1 | | |
| | 重量 | | 材料 | 45 |
| 制图 | | | （厂　名） | |
| 描图 | | | | |
| 审核 | | | | |

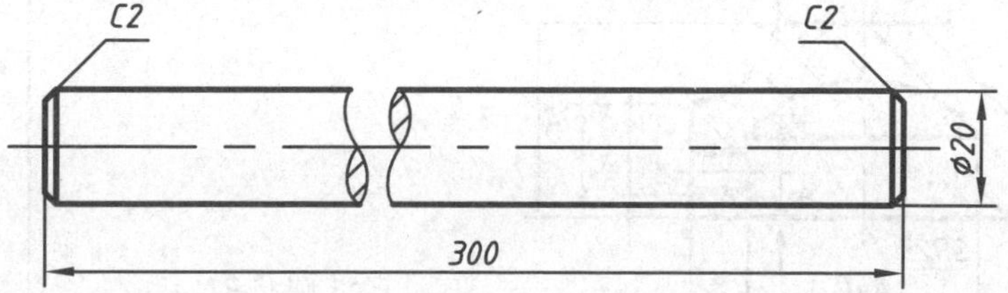


Ra6.3 (√)

| 绞　杠 | 比例 | 1:2 | 02 | |
|---|---|---|---|---|
| | 件数 | 1 | | |
| | 重量 | | 材料 | 35 |
| 制图 | | | （厂　名） | |
| 描图 | | | | |
| 审核 | | | | |

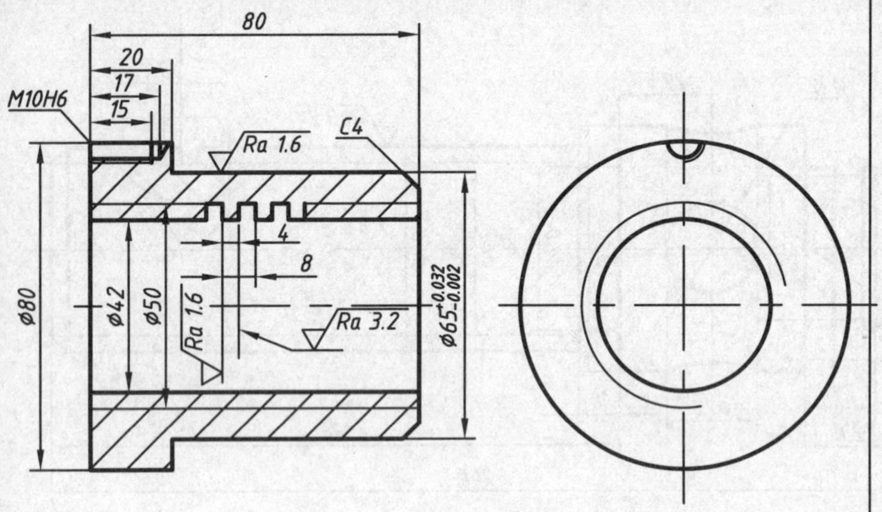


$\sqrt{Ra\ 6.3}$ ( $\sqrt{}$ )

| 螺套 | 比例 | 1:2 | 03 | |
|---|---|---|---|---|
| | 件数 | 1 | | |
| | 重量 | | 材料 | ZCuAL10Fe3 |
| 制图 | | （厂 名） | | |
| 描图 | | | | |
| 审核 | | | | |

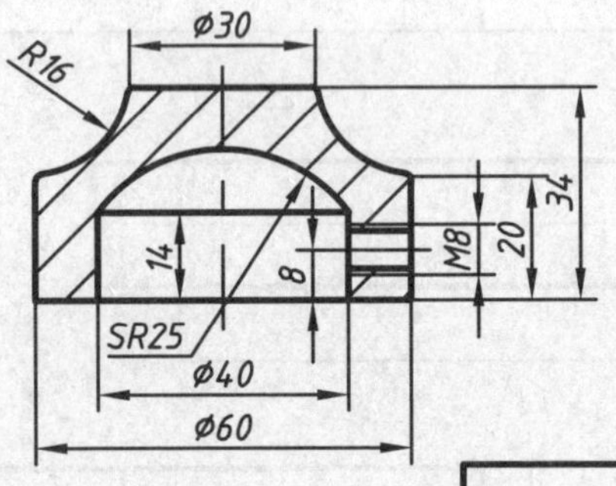


未注圆角R2。

$\sqrt{Ra\ 6.3}$ ( $\sqrt{}$ )

| 顶垫 | 比例 | 1:2 | 01 | |
|---|---|---|---|---|
| | 件数 | 1 | | |
| | 重量 | | 材料 | HT200 |
| 制图 | | （厂 名） | | |
| 描图 | | | | |
| 审核 | | | | |

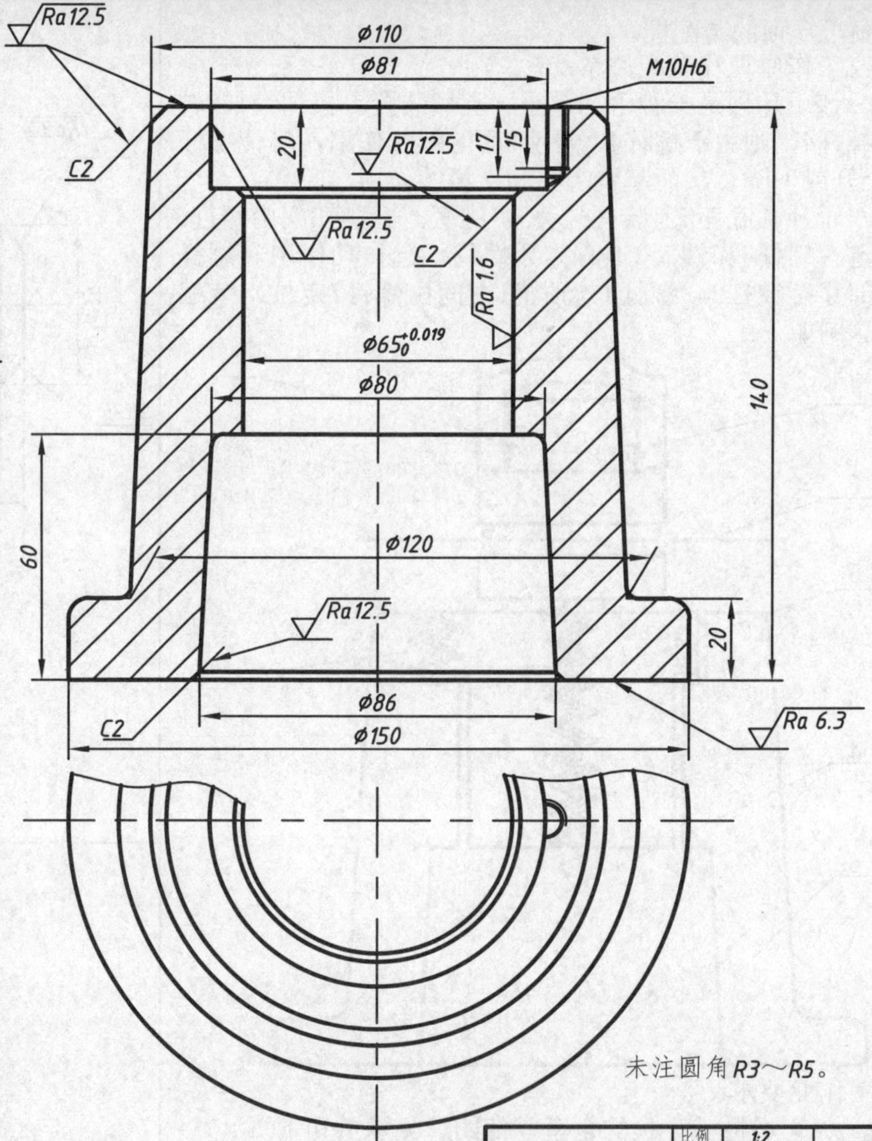


未注圆角R3～R5。

( $\sqrt{}$ )

| 底座 | 比例 | 1:2 | 05 | |
|---|---|---|---|---|
| | 件数 | 1 | | |
| | 重量 | | 材料 | HT200 |
| 制图 | | （厂 名） | | |
| 描图 | | | | |
| 审核 | | | | |

3. 画虎钳装配图。

工作原理和装配关系：

虎钳是机床上用来夹紧工件进行加工的一种常用夹具。当转动丝杠时，丝杠带动方块螺母使活动钳块作直线运动，从而开闭钳口，达到夹紧工件的目的。装配示意图如下：

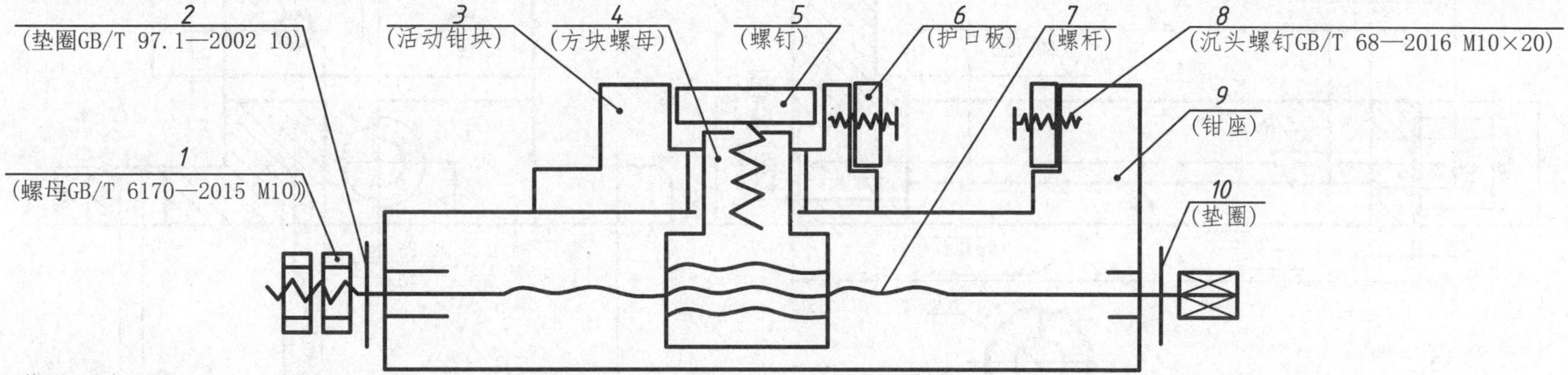


作业要求：

（1）看懂虎钳的全套零件图，了解各零件的装配位置及作用。所有标准件的尺寸按示意图给定的代号查阅教材附录得到。

（2）按1:1在A3图纸上画虎钳的装配图。

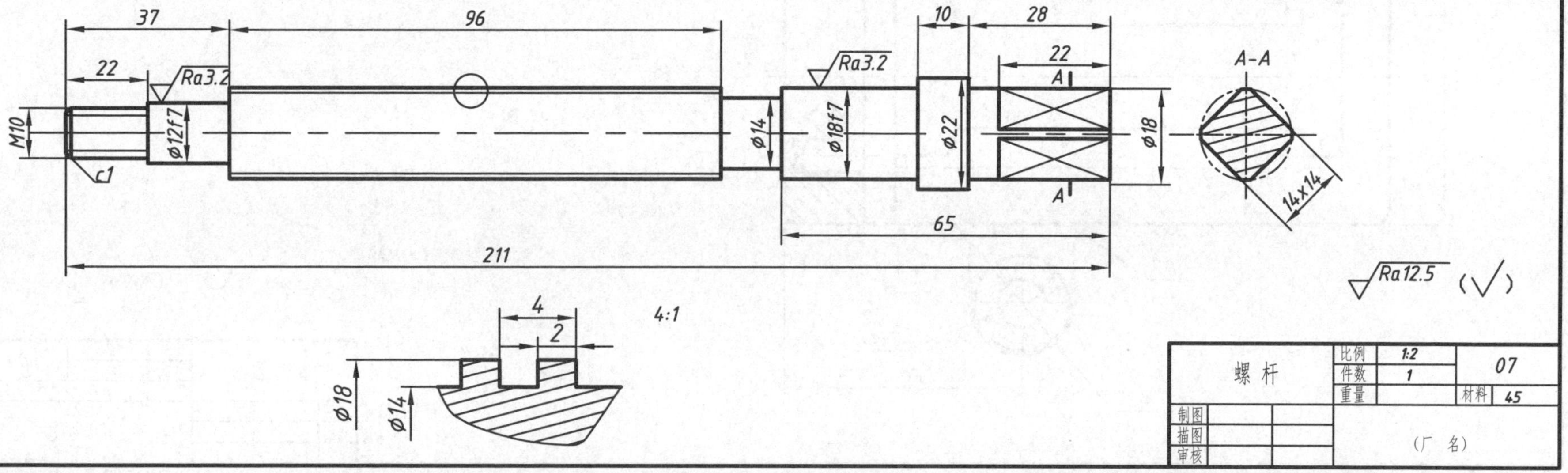

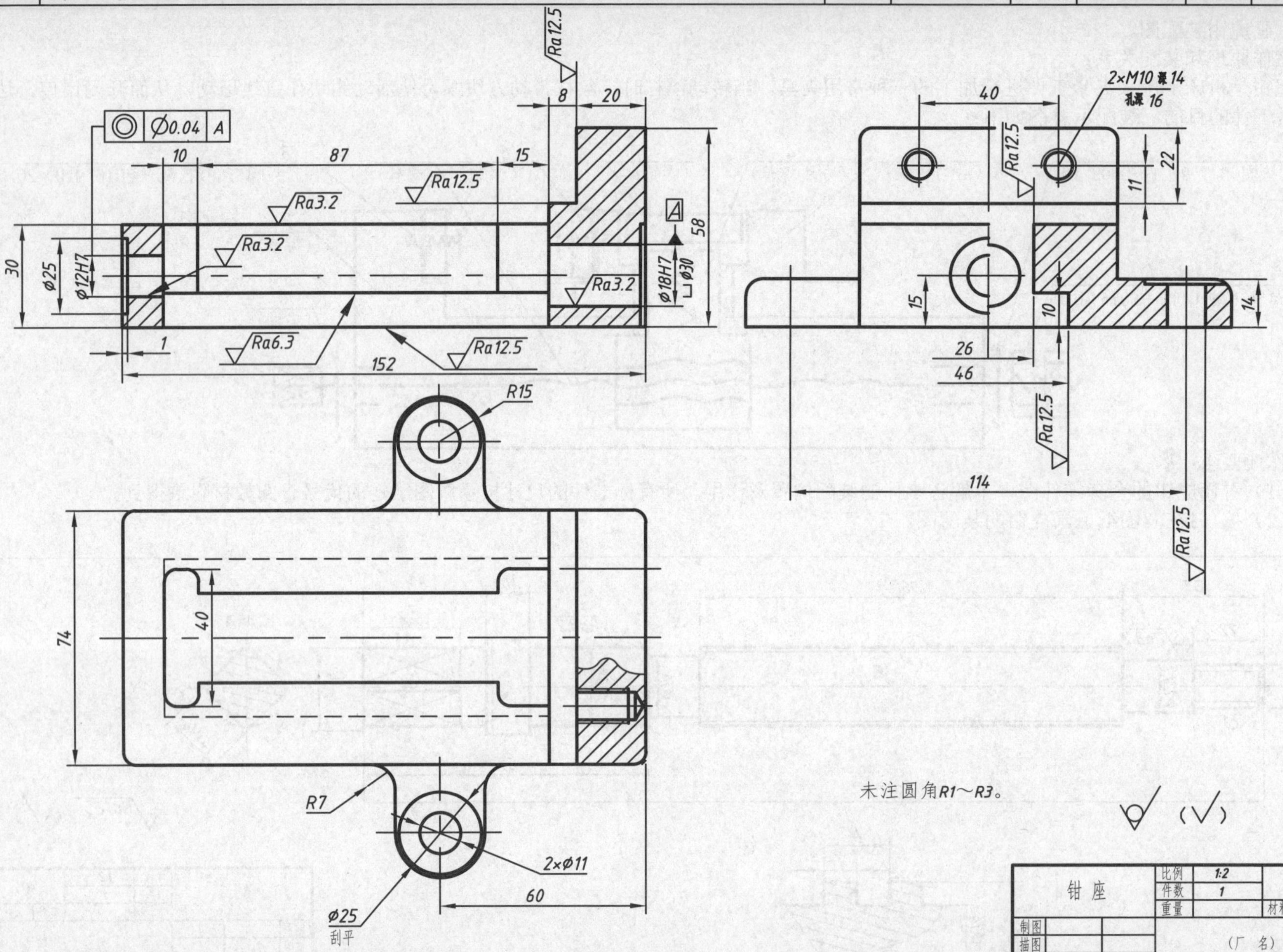


未注圆角R1～R3。

(√)

| 钳座 | 比例 | 1:2 | 09 | |
|---|---|---|---|---|
| | 件数 | 1 | | |
| | 重量 | | 材料 | HT200 |
| 制图 | | | （厂 名） | |
| 描图 | | | | |
| 审核 | | | | |

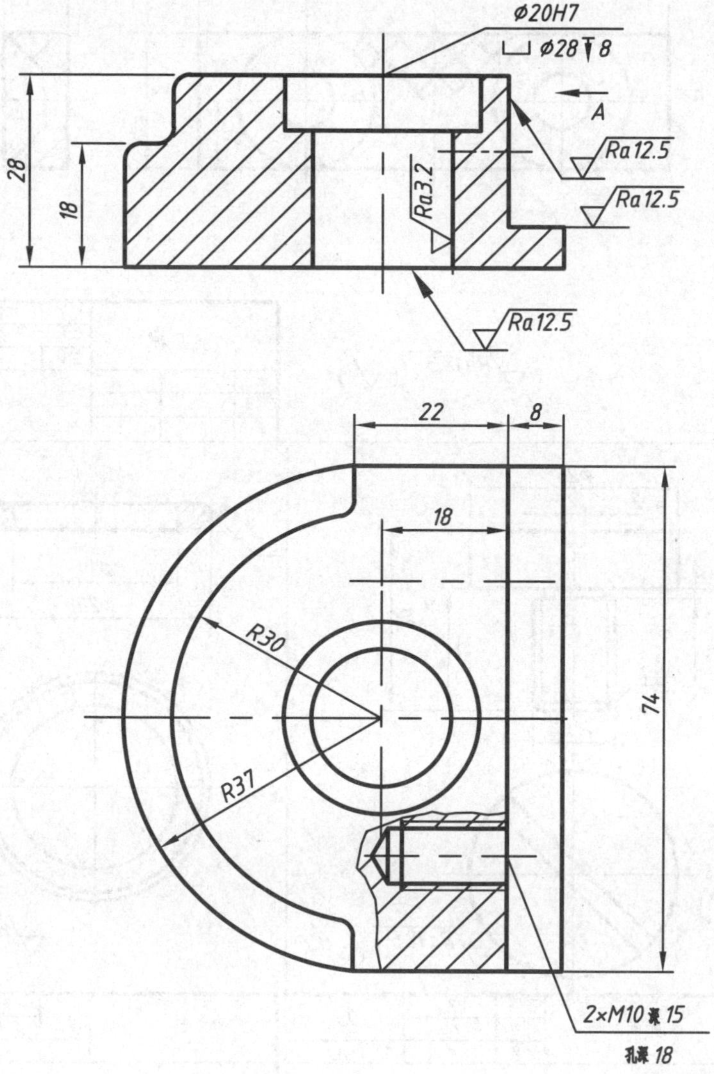


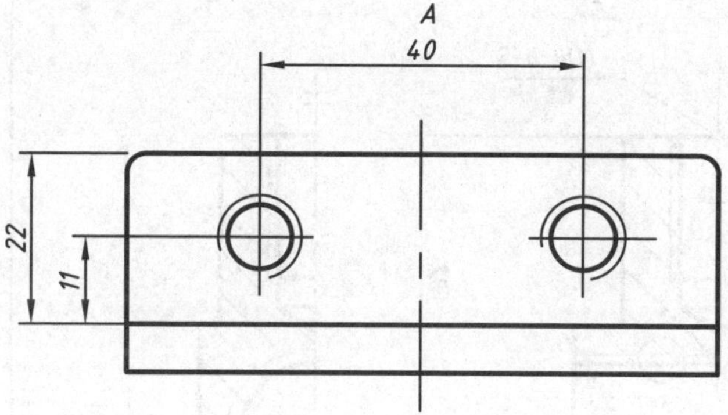


未注圆角R1～R3。

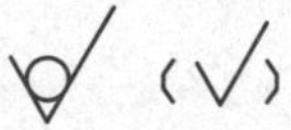


| | | | | |
|---|---|---|---|---|
| 活动钳块 | 比例 | 1:2 | 03 | |
| | 件数 | 1 | | |
| | 重量 | | 材料 | HT200 |
| 制图 | | | （厂 名） | |
| 描图 | | | | |
| 审核 | | | | |

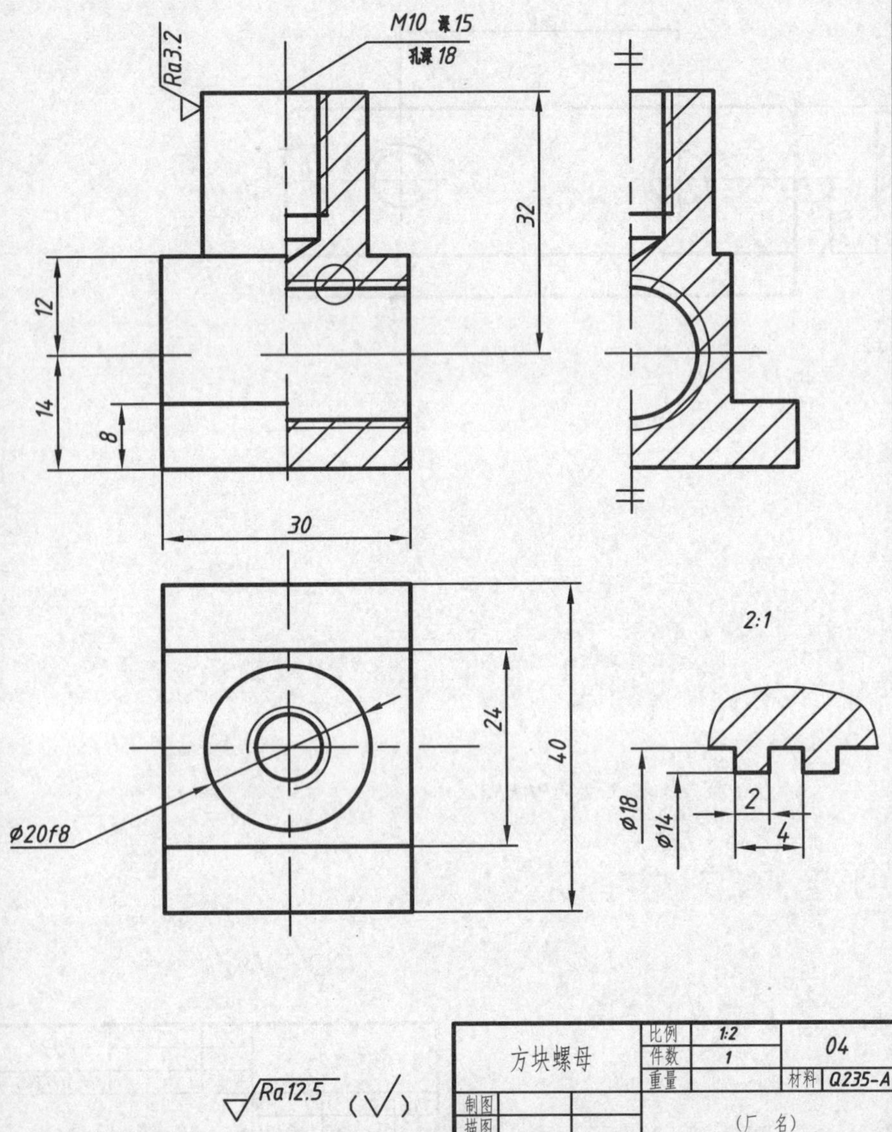


| 方块螺母 | 比例 | 1:2 | 04 | |
|---|---|---|---|---|
| | 件数 | 1 | | |
| | 重量 | | 材料 | Q235-A |
| 制图 | | | (厂 名) | |
| 描图 | | | | |
| 审核 | | | | |

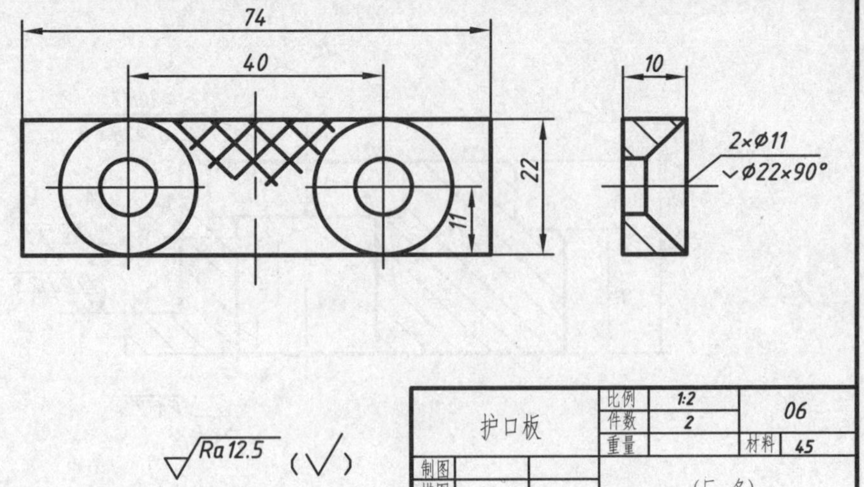


| 护口板 | 比例 | 1:2 | 06 | |
|---|---|---|---|---|
| | 件数 | 2 | | |
| | 重量 | | 材料 | 45 |
| 制图 | | | (厂 名) | |
| 描图 | | | | |
| 审核 | | | | |

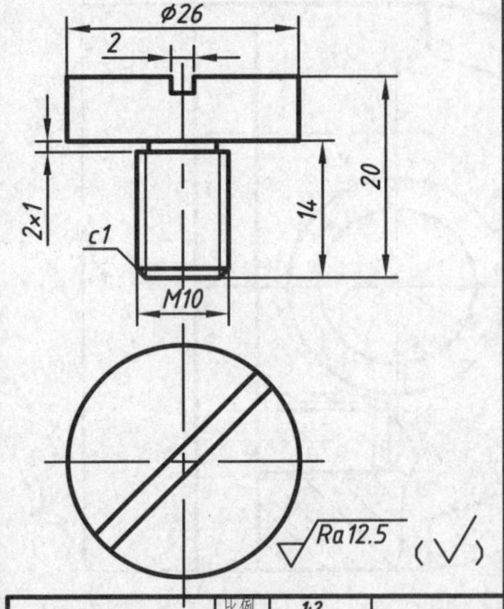


| 螺钉 | 比例 | 1:2 | 05 | |
|---|---|---|---|---|
| | 件数 | 1 | | |
| | 重量 | | 材料 | A3 |
| 制图 | | | (厂 名) | |
| 描图 | | | | |
| 审核 | | | | |

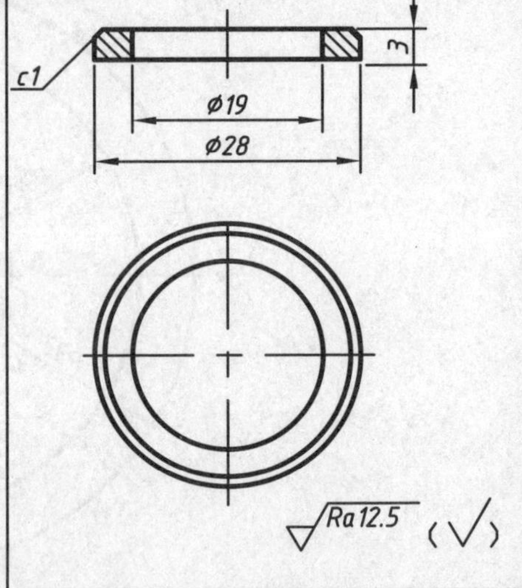


| 垫 圈 | 比例 | 1:2 | 10 | |
|---|---|---|---|---|
| | 件数 | 1 | | |
| | 重量 | | 材料 | A3 |
| 制图 | | | (厂 名) | |
| 描图 | | | | |
| 审核 | | | | |

10-3. 读尾架装配图，回答问题。

问题：

1. 该尾架共由________种零件组成，其中标准件有________种，除标准件外，其他零件均应称为________件。

2. 该尾架共有________个图形表达。主视图中的双点画线表示的画法应称为________画法，左视图是采用____________的剖切平面剖切得到的________图，还有两个图应称为________图。

3. 该装配图中标注为200的尺寸属于__________尺寸；120和12属于__________尺寸。

4. 图中ϕ60H8/f7是属于__________制________配合。拆画零件图时，在零件图上标注这一尺寸时，孔应标注为______________，轴应标注为____________。

5. 序号1与序号4是靠序号______采用________连接进行装配的。

6. 加工完毕需卸下工件时，要先旋松序号________，再用扳手按顺时针方向旋转序号_____，然后带动序号_____也作顺时针方向转动，从而拨动序号______右移，这样顶尖也被带着后退，工件即可卸下。待新工件放到规定位置时，就可以松开扳手，靠序号_____的作用，顶紧工件。工件被顶紧后，应再旋紧序号______。

7. 拆画件1的零件图。

| 序号 | 名称 | 数量 | 材料 | 附注 |
|---|---|---|---|---|
| 11 | 卡簧 | 1 | 65Mn | |
| 10 | 衬环 | 1 | 45 | |
| 9 | 螺钉 M6×12 | 4 | | GB/T 68—2016 |
| 8 | 套筒 | 1 | 45 | |
| 7 | 顶尖 | 1 | 40Gr | |
| 6 | 紧定螺钉 M6 | 1 | 45 | |
| 5 | 弹簧 | 1 | 65Mn | |
| 4 | 端盖 | 1 | Q235A | |
| 3 | 方轴 | 1 | 45 | |
| 2 | 棘轮 | 1 | 40Gr | |
| 1 | 尾架体 | 1 | HT200 | |

| | | | | |
|---|---|---|---|---|
| 尾架 | | 比例 | | （图号） |
| | | 数量 | | |
| 制图 | | 材料 | | 学号 |
| 校核 | | （校名） | | |
| 审核 | | | | |

10-3. 续。

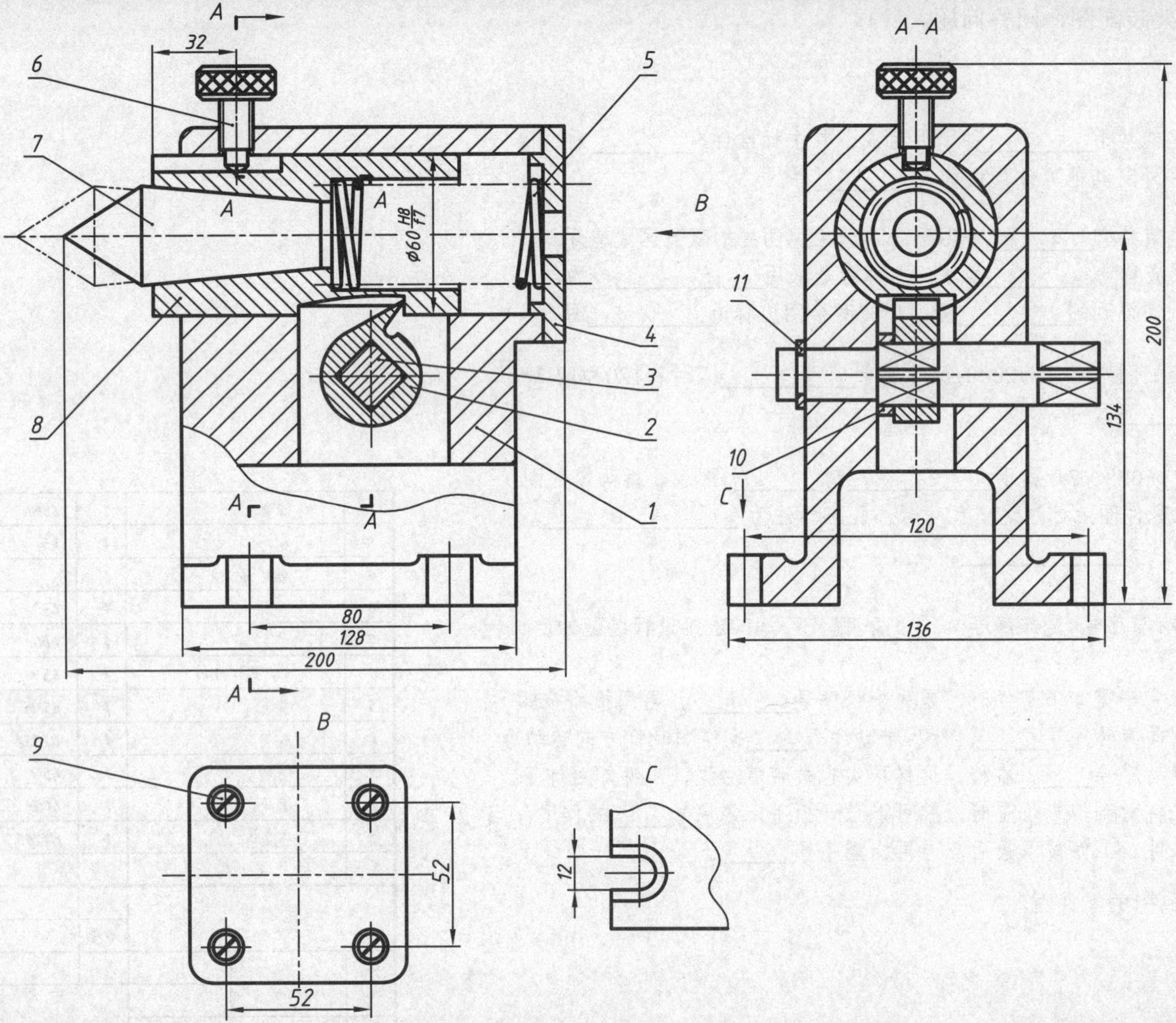
A
32
6
5
7
A
A
B
φ60 H8/f7
11
4
3
2
8
10
1
A
A
C
120
200
134
80
128
200
136
A
B
9
52
52
C
12
A-A

10-4. 成套图纸的阅读。

三元子泵的工作原理：

当转子轴3旋转时，因小轴11的偏心造成小滑块10和大滑块12的侧隙体积发生变化，从而迫使液体从进油孔吸入向出油孔挤出。

作业要求：

将三元子泵的装配图和它的十三个零件图结合起来阅读，在看懂全套图纸的基础上，对每张图纸进行全面的审阅，对各个零件进行尺寸分析并了解表面结构要求，从而更清楚地掌握各个零件的相对位置关系和工作原理。

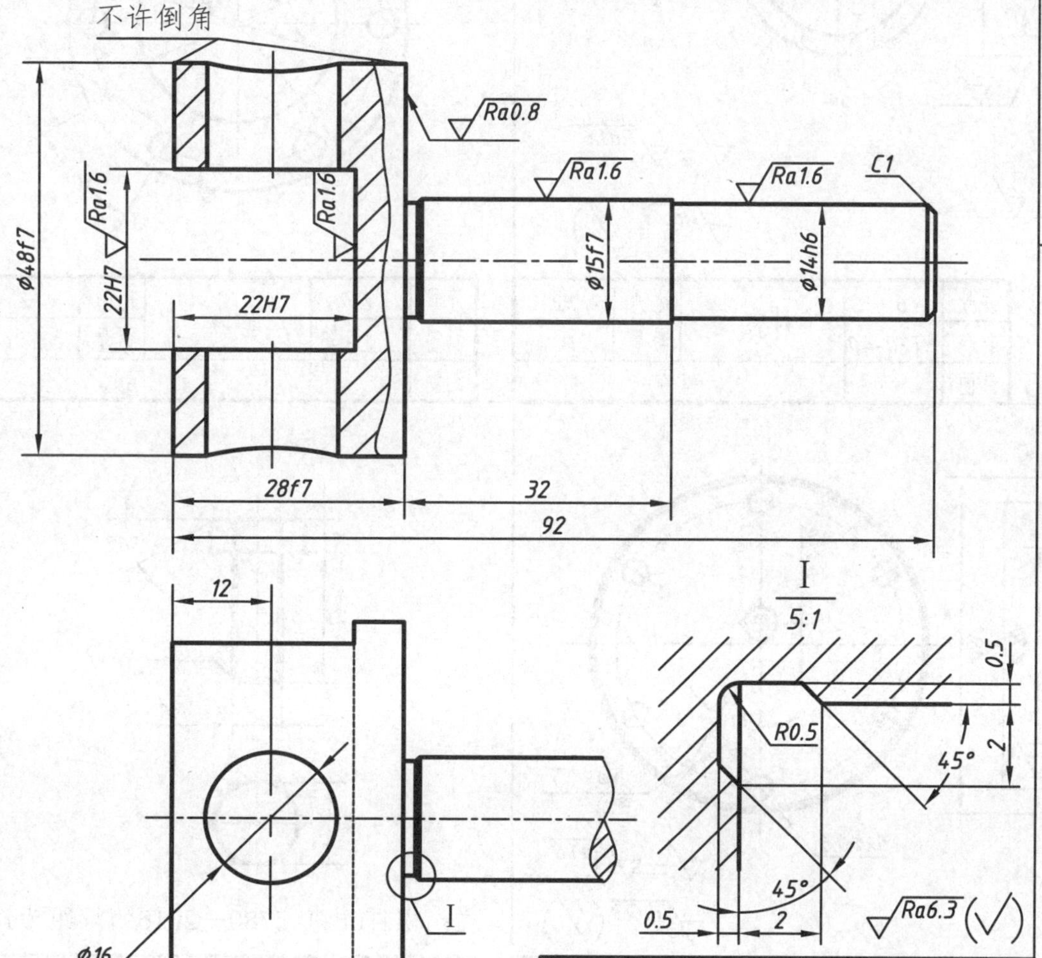


| | | | | |
|---|---|---|---|---|
| 序号 | 3 | 转子轴 | 比例 | 1:1 |
| 材料 | 45 | | 数量 | 1 |
| 制图 | | （校名） | | |

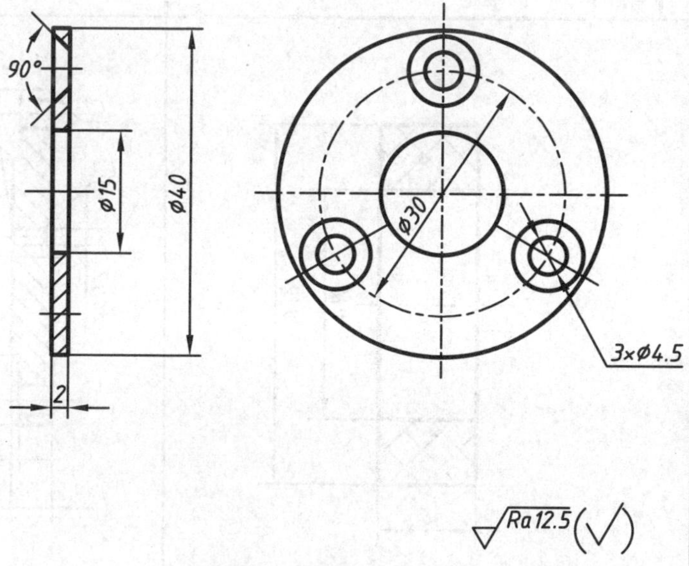


| | | | | |
|---|---|---|---|---|
| 序号 | 5 | 压盖 | 比例 | 1:1 |
| 材料 | Q235 | | 数量 | 1 |
| 制图 | | （校名） | | |

10-4. 续。

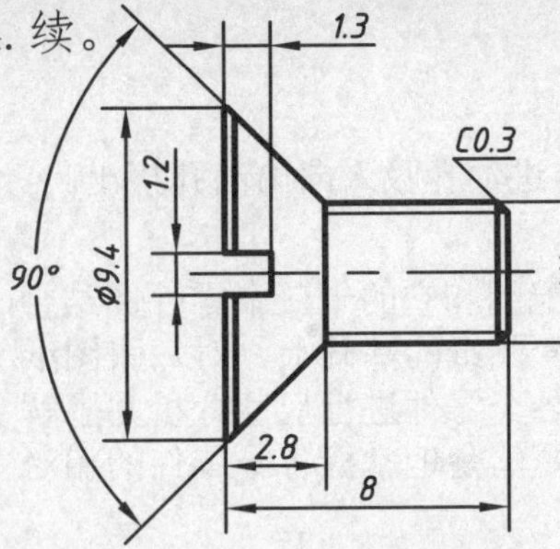


注：螺钉GB/T 68—2016的螺距为0.7。

| | | | | |
|---|---|---|---|---|
| 序号 | 2 | 螺钉M4×8 | 比例 | 3:1 |
| 材料 | Q235 | | 数量 | 3 |
| 制图 | | （校名） | | |

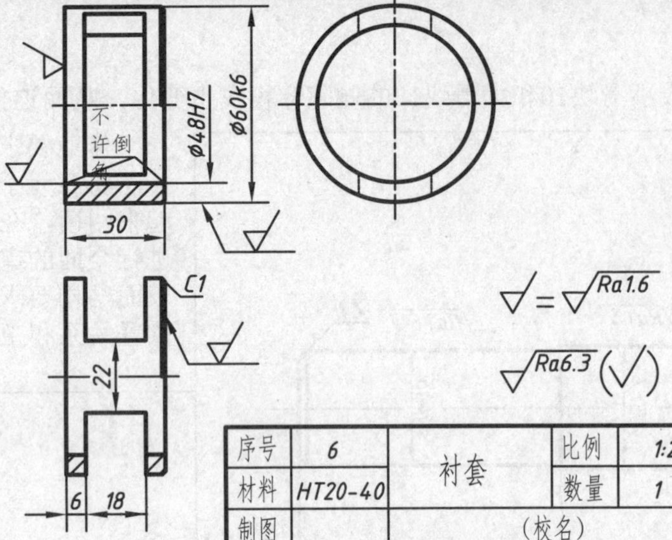


| | | | | |
|---|---|---|---|---|
| 序号 | 6 | 衬套 | 比例 | 1:2 |
| 材料 | HT20-40 | | 数量 | 1 |
| 制图 | | （校名） | | |

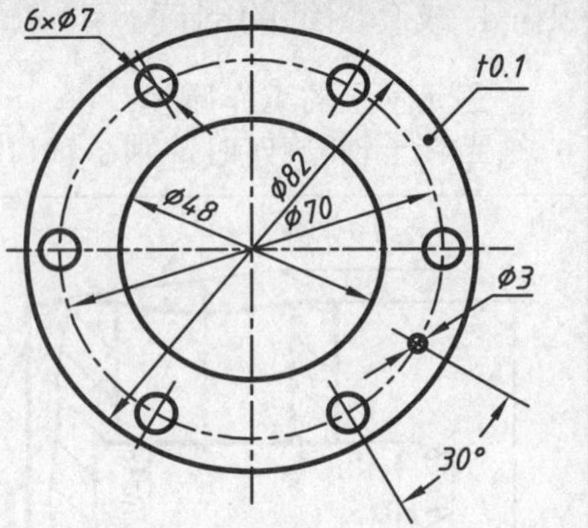


| | | | | |
|---|---|---|---|---|
| 序号 | 7 | 垫片 | 比例 | 1:2 |
| 材料 | 工业用纸 | | 数量 | 1 |
| 制图 | | （校名） | | |

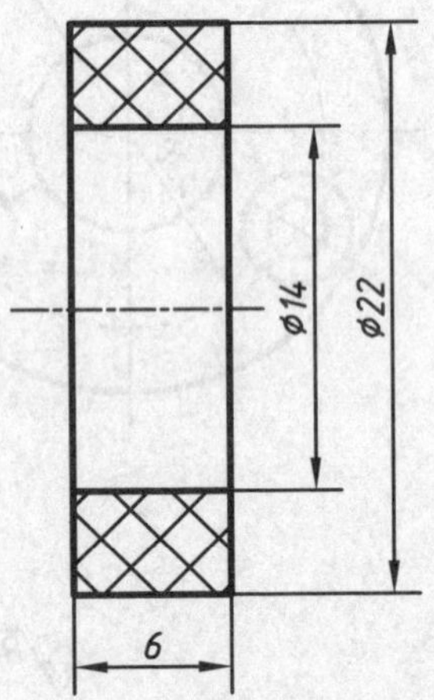


| | | | | |
|---|---|---|---|---|
| 序号 | 4 | 密封环 | 比例 | 2:1 |
| 材料 | 工业毛毡 | | 数量 | 1 |
| 制图 | | （校名） | | |

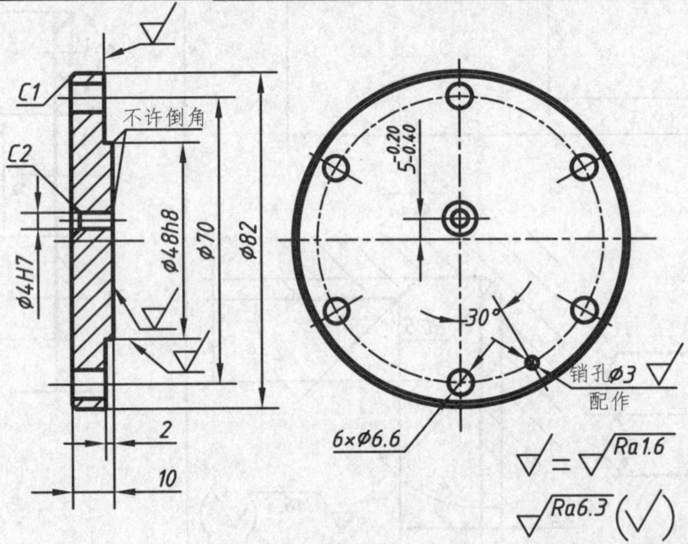


| | | | | |
|---|---|---|---|---|
| 序号 | 8 | 泵盖 | 比例 | 1:2 |
| 材料 | HT15-33 | | 数量 | 1 |
| 制图 | | （校名） | | |

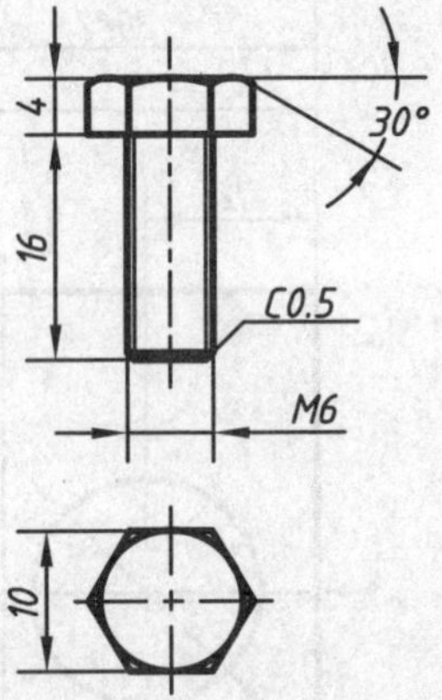


注：螺钉GB/T 5780—2016的螺距为1。

| | | | | |
|---|---|---|---|---|
| 序号 | 9 | 螺钉M6×16 | 比例 | 1:1 |
| 材料 | Q235 | | 数量 | 6 |
| 制图 | | （校名） | | |

10-4. 续。

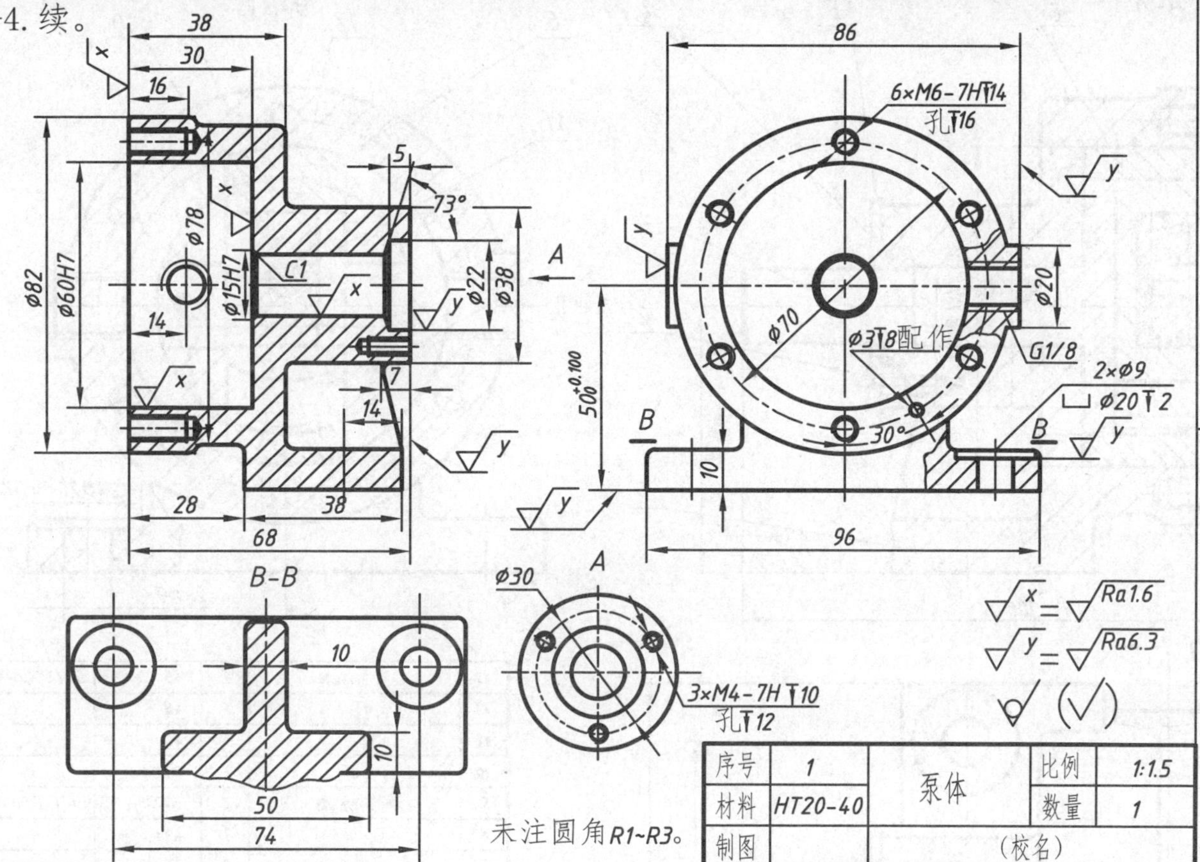


未注圆角R1~R3。

| 序号 | 1 | 泵体 | 比例 | 1:1.5 |
|---|---|---|---|---|
| 材料 | HT20-40 | | 数量 | 1 |
| 制图 | | （校名） | | |

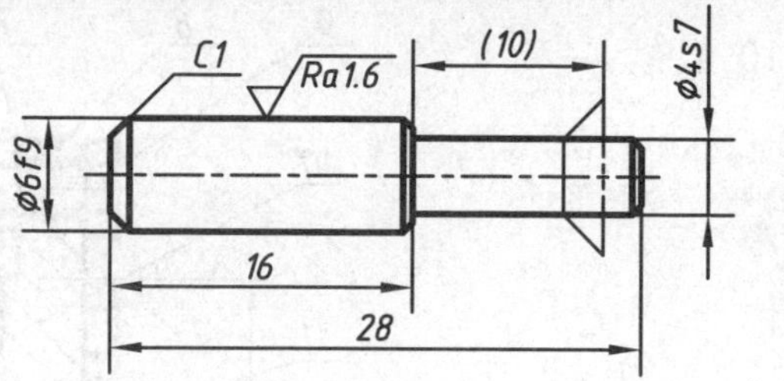


未注倒角C0.5。 Ra6.3 (✓)

| 序号 | 11 | 小轴 | 比例 | 1.5:1 |
|---|---|---|---|---|
| 材料 | 45 | | 数量 | 1 |
| 制图 | | （校名） | | |

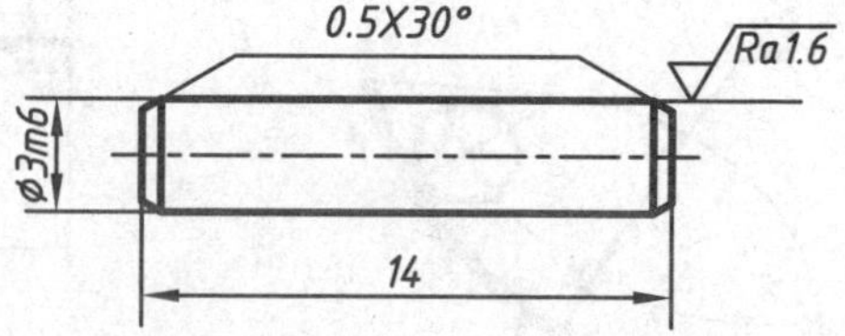


注：销钉GB/T 119—2000。 Ra6.3 (✓)

| 序号 | 13 | 销钉 3m6×14 | 比例 | 2.5:1 |
|---|---|---|---|---|
| 材料 | 45 | | 数量 | 1 |
| 制图 | | （校名） | | |

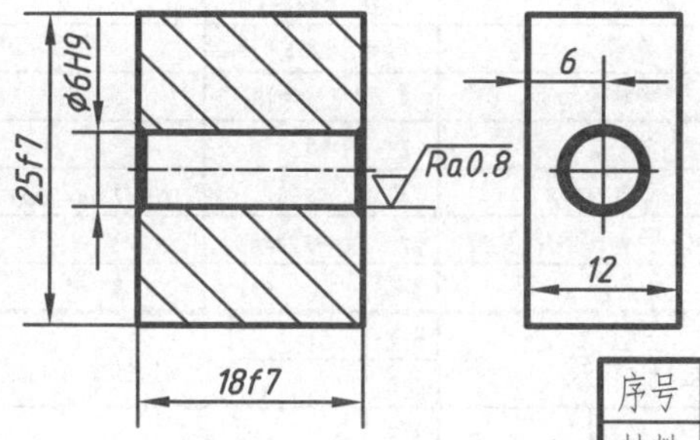


未注倒角C0.5。

Ra12.5 (✓)

| 序号 | 10 | 小滑块 | 比例 | 1:1 |
|---|---|---|---|---|
| 材料 | HT150 | | 数量 | 1 |
| 制图 | | （校名） | | |

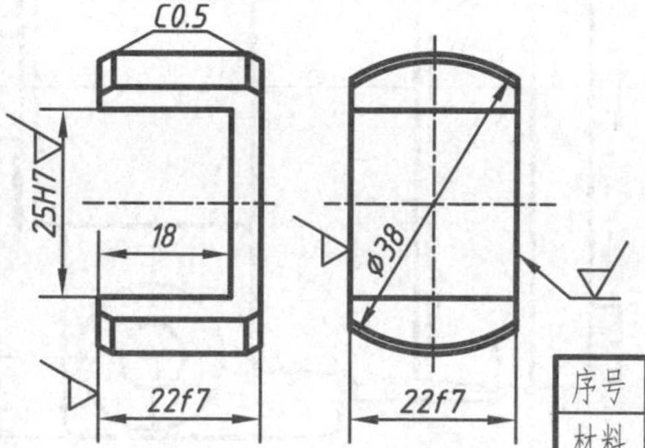


= Ra0.8

Ra12.5 (✓)

| 序号 | 12 | 大滑块 | 比例 | 1:1.5 |
|---|---|---|---|---|
| 材料 | 45 | | 数量 | 1 |
| 制图 | | （校名） | | |

10-4. 续。

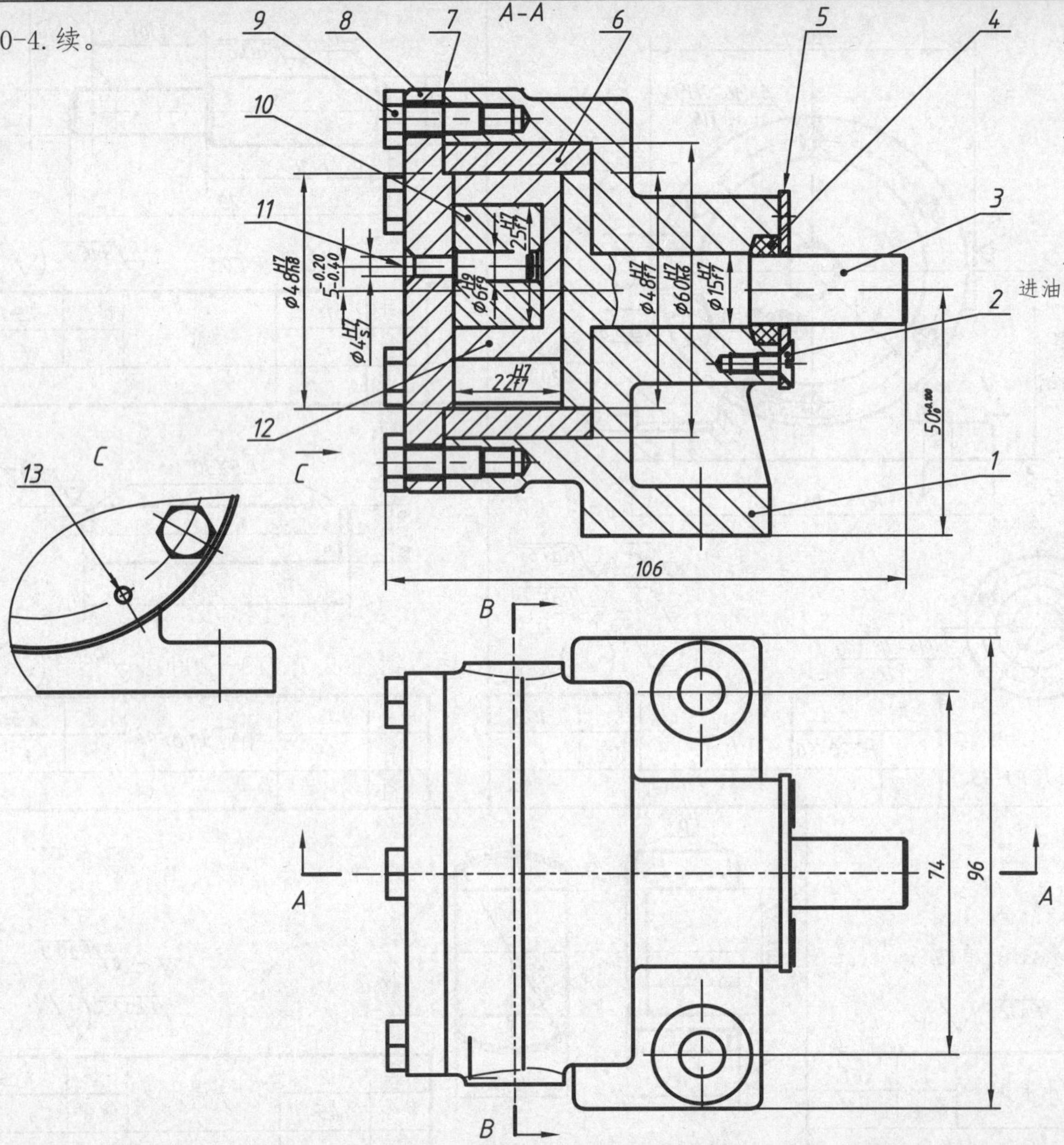


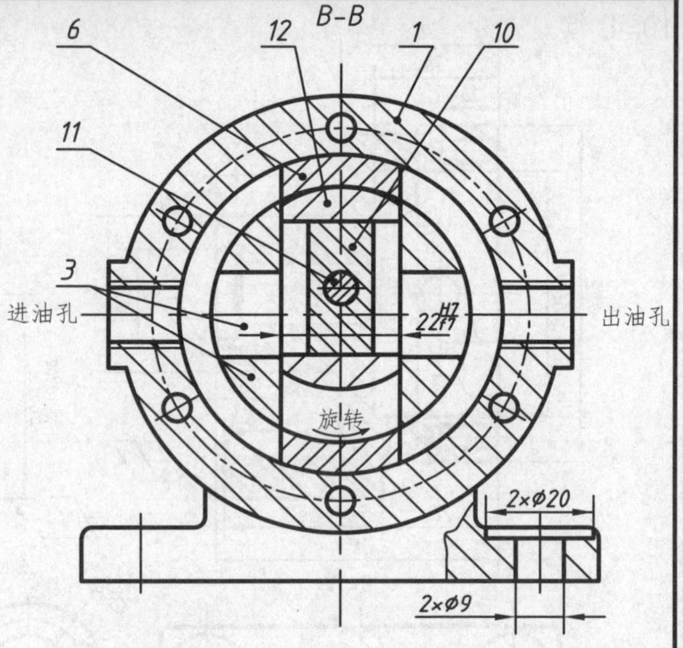


| 序号 | 名 称 | 数量 | 材 料 | 备 注 |
|---|---|---|---|---|
| 13 | 销 3m6×14 | 1 | 45 | GB/T 119—2000 |
| 12 | 大滑块 | 1 | 45 | |
| 11 | 小轴 | 1 | 45 | |
| 10 | 小滑块 | 1 | HT150 | |
| 9 | 螺钉 M6×16 | 6 | Q235 | GB/T 5780—2000 |
| 8 | 泵盖 | 1 | HT15-33 | |
| 7 | 垫片 | 1 | 工业用纸 | |
| 6 | 衬套 | 1 | HT20-40 | |
| 5 | 压盖 | 1 | Q235 | |
| 4 | 密封环 | 1 | 工业毛毡 | |
| 3 | 转子轴 | 1 | 45 | |
| 2 | 螺钉 M4×8 | 3 | Q235 | GB/T 68-2000 |
| 1 | 泵体 | 1 | HT20-40 | |

| | | | | |
|---|---|---|---|---|
| 三元子泵 | 比例 | 1:1 | (图号) | |
| | 数量 | 1 | | |
| 制图 | | 材料 | | 学号 |
| 校核 | | (校名) | | |
| 审核 | | | | |

10-5. 读联动夹持杆接头的装配图，并拆绘夹头3的零件图。

工作原理说明：

联动夹持杆接头是检验夹具中的一个通用标准部件，用来连接检测仪表的表杆。当检验时，在拉杆1左方的上下通孔和夹头3上部的前后通孔中分别装入与之配合的表杆，旋紧螺母5，收紧夹头3的缝隙就可夹持上部圆柱孔内的表杆。与此同时，拉杆1沿轴向向右移动，改变了它与套筒2上下通孔的同轴位置，这样就可夹持拉杆左方通孔内的表杆。

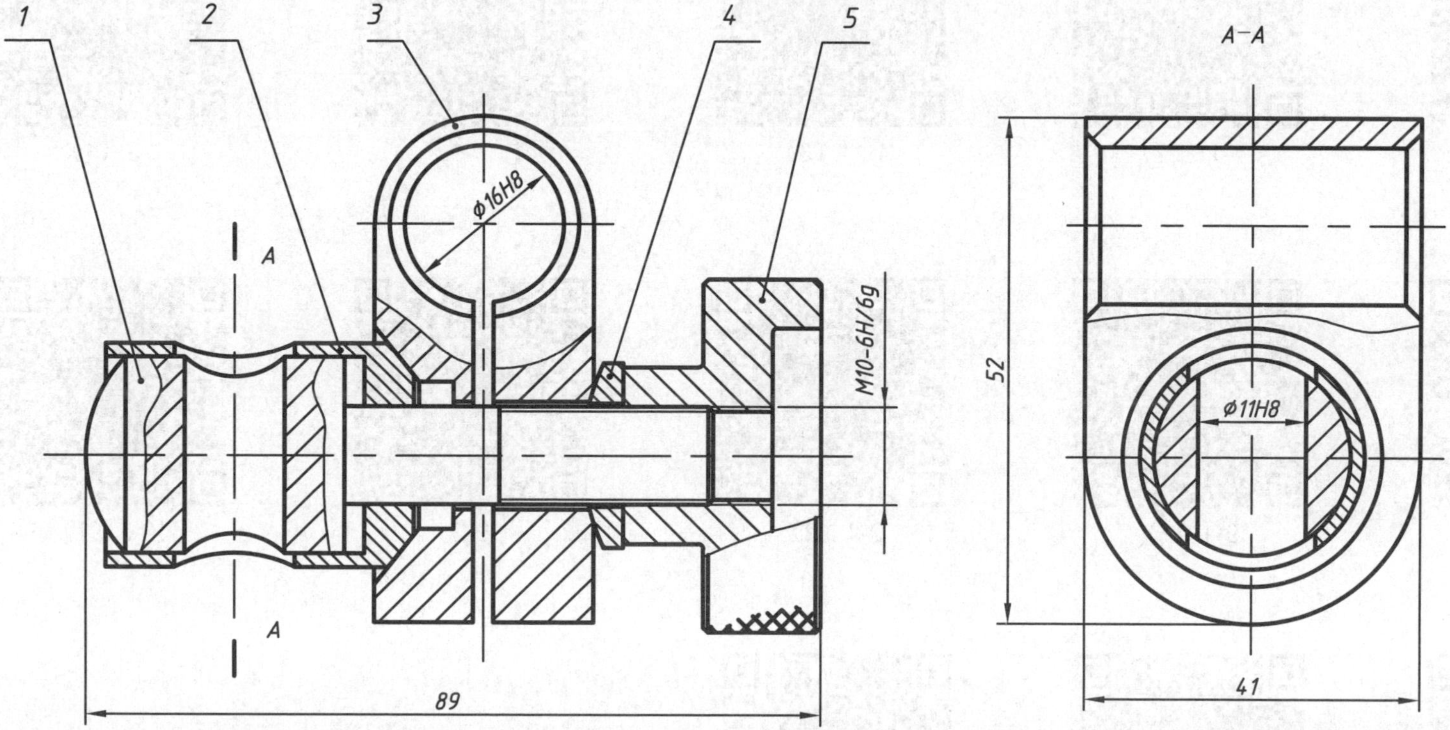


| 序号 | 名称 | 数量 | 材料 | 备注 |
|---|---|---|---|---|
| 5 | 螺母 | 1 | 45 | |
| 4 | 垫圈10 GB849-1988 | 1 | 45 | |
| 3 | 夹头 | 1 | 65Mn | |
| 2 | 套筒 | 1 | 45 | |
| 1 | 拉杆 | 1 | 45 | |

| | | | | |
|---|---|---|---|---|
| 联动夹持杆接头 | 比例 | | 01-00 | |
| | 件数 | | | |
| 制图 | | 重量 | | 材料 |
| 描图 | | | | |
| 审核 | | （厂 名） | | |

# 模型二维码

4-11（1）

4-11（2）

4-11（3）

7-1

7-2（1）

7-2（2）

9-1（1）

9-1（2）

9-2

10-2（1）

10-2（2）

10-2（3）

10-4